Hans W. Kothe

Aquarien-ABC
Die Welt der Fische und Pflanzen

KOSMOS

Inhalt

Einführung

Allein in Deutschland werden schätzungsweise 80 Millionen Zierfische gehalten, und dafür gibt es gute Gründe. So holt man sich mit einem Aquarium ein Stück Natur in die Wohnung, wie man es in ganz ähnlicher Weise auch in einem Gewässer der Tropen oder Subtropen finden könnte, ermöglicht sich also den Zugang zu einer Unterwasserwelt, die einem andernfalls verborgen bleiben würde. Und dafür muss man nicht einmal einen besonders hohen Aufwand betreiben, denn für Zierfische, die keine Haare oder Federn verlieren und auch keinen Auslauf oder häufige Streicheleinheiten benötigen, braucht man vergleichsweise wenig Zeit, sodass ihre Haltung selbst Berufstätigen empfohlen werden kann. Aber auch Kinder profitieren von einem Aquarium, denn sie können nicht nur einiges über wichtige Zusammenhänge in der Natur lernen, sondern außerdem den verantwortungsvollen Umgang mit anderen Lebewesen.

Ein weiterer Vorteile ist, dass sich für ein Aquarium selbst in kleineren Wohnungen ein Platz finden lässt, und weil Fische keinen Lärm verursachen, kann man sie außerdem gut in einer Mietwohnung halten, ganz abgesehen davon, dass ein hübsch eingerichtetes Becken auch noch ein Blickfang für jedes Zimmer ist.

Wer sich zur Anschaffung eines Aquariums entschließt, setzt eine lange Tradition fort, denn in China hielt man wahrscheinlich schon seit der Tang-Dynastie (618-907), spätestens aber seit der Song-Dynastie (970-1279) goldgelb oder rötlich gefärbte Karpfen in Keramik- oder Glasgefäßen. Im 17. Jahrhundert kamen diese Tiere, die wir heute als Goldfische kennen, auch nach Europa, wo man um diese Zeit aber vereinzelt auch schon einheimische Arten zum reinen Vergnügen und nicht für die Ernährung hielt. Allerdings führten solche Fische im Vergleich zu heute ein eher freudloses Dasein, denn sie mussten ihre Tage in engen Glasgefäßen mit schlecht belüftetem und verschmutztem Wasser verbringen und wurden dabei normalerweise nicht alt.

Dies änderte sich erst etwa Mitte des 19. Jahrhunderts, als die Naturwissenschaften einen ersten sprunghaften Aufschwung erlebten und viele der neu gewonnenen Erkenntnisse auch in der Öffentlichkeit ein reges Interesse fanden. Zu dieser Zeit, in der auch der Begriff Aquarium geprägt wurde, der auf das lateinische Wort *aquarius* (zum Wasser gehörig) zurückgeht, machte man sich erstmals Gedanken über das sehr fragile Gleichgewicht, das in einem geschlossenen System, wie es ein Aquarium nun einmal darstellt, zwangsläufig herrschen muss. Dabei erkannte man auch, dass sich nur eine ganz bestimmte Anzahl von Tieren in

Der farbenprächtige Siamesische Kampffisch gehörte zu den ersten tropischen Arten, die ihren Weg nach Europa fanden.

einem Becken unterbringen läßt und dass es so etwas wie Wasserchemie gibt, die man nicht vernachlässigen darf, wenn man seine Fische längere Zeit am Leben halten will.

Bereits kurz darauf erhielt die Aquaristik einen weiteren Schub, denn gegen Ende des 19. Jahrhunderts kamen mit den hübschen Paradiesfischen *(Macropodus opercularis)* und den noch farbenprächtigeren und zudem geheimnisumwitterten Siamesischen Kampffischen *(Betta splendens)*, die man in ihrer Heimat gegeneinander kämpfen ließ, um dabei auf den späteren Sieger zu wetten, erstmals Tropenfische nach Europa. Allerdings hielt man auch diese Tiere noch unter recht abenteuerlichen Bedingungen. So ließ man zur Heizung des Aquariumwassers eine Gas-, Paraffin- oder Petroleumlampe unter dem Becken brennen, und natürlich gab es weder Filter zur Reinigung des Wassers noch Pumpen zur Belüftung.

Aufgrund der verstärkten Nachfrage wurden in der Folge dennoch immer mehr tropische Fische nach Europa importiert, wobei anfangs aber nur wenige Exemplare die langen Schiffsreisen überlebten. Dies änderte sich erst, als es möglich wurde, die Tiere auf dem Luftweg zu transportieren, sodass sich die Verluste nun in Grenzen hielten. Außerdem fand man nach und nach immer mehr über die genaueren Zusammenhänge über das Leben im Wasser und die Bedürfnisse einzelner Arten heraus, was für die Entwicklung besserer Futtersorten und eine reichhaltigere Auswahl an zweckmäßigem, gut funktionierendem und gleichzeitig erschwinglichem Zubehör sorgte. Daher bietet der Handel heute neben einer großen Zahl faszinierender Zierfische auch alle Geräte an, die benötigt werden, um ein gut funktionierendes kleines Ökosystem mit wenig Aufwand in der Wohnung zu betreiben.

Wer zum ersten Mal die Aquaristikabteilung eines Zoofachgeschäftes betritt, steht allerdings zumeist vor einer fast unüberschaubaren Vielfalt an unterschiedlichen Becken, Filtern, Aquarienheizungen, Wasseraufbereitungsmitteln und Futtersorten sowie weiterem Zubehör. Um den Einstieg zu erleichtern, werden die Dinge vorgestellt, die notwendig sind, um ein gut funktionierendes Aquarium zu betreiben.

Dank des ausgezeichneten Aquarienzubehörs ist es heute problemlos möglich, sich ein Stück tropische Unterwassernatur in die Wohnung zu holen.

Die Grundlagen

Die Wahl des Beckens

Es gab Zeiten, da sahen alle Aquarien – von der Größe einmal abgesehen – ziemlich gleich aus. Heute muss ein Becken für Zierfische dagegen nicht mehr unbedingt ein rechteckiger Glasbehälter sein, sondern es gibt inzwischen Modelle unterschiedlichster Bauart. So findet man im Fachhandel beispielsweise Aquarien mit einer ausgestellten oder halbrund gewölbten Vorderschei-

Größe und Anzahl der Tiere angepasst sein muss, die darin leben sollen. Schließlich kann man nicht unbegrenzt viele Fische in einem Aquarium halten, sondern muss Besatz und Beckengröße genau aufeinander abstimmen. Ein wichtiges Kriterium ist in diesem Zusammenhang der Sauerstoffbedarf der Tiere, der von der Größe der Wasseroberfläche des Aquariums abhängt, wo

Aquarienfische zeigen ihre schönste Färbung nur dann, wenn die Beckengröße und die Zahl der darin lebenden Tiere gut aufeinander abgestimmt sind.

be, sechs- oder achteckige Becken und sogar Aquarien, bei denen die Seitenscheiben nach hinten schräg zulaufen, damit sie genau in eine Zimmerecke passen. Daher ist es heute nicht nur möglich, die Form des Beckens den Platzverhältnissen in der Wohnung und dem Stil der übrigen Einrichtung genau anzupassen, sondern auch seinem persönlichen Geschmack weitgehend freien Lauf zu lassen.

Aber natürlich darf man die Kaufentscheidung nicht allein vom Aussehen eines Aquariums abhängig machen, sondern es gibt eine Reihe von Dingen, die von Anfang an in die Planung eingehen müssen. In diesem Zusammenhang ist zunächst einmal das Fassungsvermögen des Beckens zu nennen, das an die

der wichtige Sauerstoffaustausch mit der Luft stattfindet (siehe S. 112/113). Allerdings ist der im Wasser gelöste Sauerstoff nicht das einzige Kriterium für die richtige Anzahl von Fischen

Info | Mietwohnung

Ein Aquarium darf auch in Mietwohnungen aufgestellt werden, weil Zierfische zu den Kleintieren gehören, deren Haltung im deutschen Mietrecht unter die vertragsgemäße Nutzung der Wohnung fällt. Enthält der Mietvertrag eine Klausel, nach der die Haustierhaltung stets der Zustimmung des Vermieters bedarf, so muss die Erlaubnis zwar eingeholt werden, darf aber im Normalfall nicht verweigert werden.

in einem Becken, sondern man muss weiterhin berücksichtigen, dass einige Arten sehr aktiv sind und daher viel freien Schwimmraum benötigen, während andere Reviere bilden, die eine Mindestgröße haben müssen, sodass man nicht beliebig viele territoriale Individuen in einem Becken unterbringen kann. Werden solche Bedürfnisse nicht berücksichtigt, kommt es sehr schnell zu Problemen, denn in einem überfüllten oder schlecht geplanten Aquarium breiten sich Krankheiten schneller aus, und es kommt häufiger zu aggressiven Übergriffen. Außerdem zeigen viele Fische unter schlechten Bedingungen nicht ihre schönste Färbung, und auch die Lebenserwartung kann deutlich sinken, weil die Tiere ständigem Stress ausgesetzt sind, ganz abgesehen davon, dass für übersetzte Becken ein deutlich höherer Pflegeaufwand notwendig ist.

Unterschrank und Abdeckung

Ab einer gewissen Größe werden Aquarien heute zumeist mit einer passenden Abdeckung und genau auf das Becken zugeschnittenen Unterschränken angeboten. Diese sind so konstruiert, dass das oft beträchtliche Gewicht des Beckens gleichmäßig verteilt wird; außerdem lassen sich der Filter und andere Gegenstände des

Ein hübsch bepflanztes Aquarium ist ein Blickfang für jede Wohnung.

täglichen Gebrauchs, etwa Futter, Netz, Filtermaterialien oder Ersatzteile, darin unterbringen.

Ein solcher Unterbau lässt sich natürlich auch im Eigenbau herstellen, wobei man aber unbedingt die enorme Belastung berücksichtigen muss, die auf ein solches Möbelstück einwirkt. Schließlich kann ein großes, voll eingerichtetes Aquarium leicht einige Zentner wiegen. Und dieses Gewicht muss der Unterschrank nicht nur aushalten können, sondern es ist außerdem wichtig, die Last möglichst gleichmäßig auf den Fußboden zu verteilen, damit beispielsweise ein Parkettbelag nicht beschädigt wird. In Altbauten empfiehlt es sich bei Aufstellung großer Becken zusätzlich, die Tragfähigkeit der Zimmerdecke zu prüfen und das Aquarium möglichst direkt über Deckenbalken oder Trägern aufzustellen. Unbedingt zu empfehlen ist der Kauf eines Beckens mit passender Abdeckung, in der normalerweise die genau auf das Aquarium zugeschnittene und vor Spitzwasser geschützte Beleuchtung untergebracht ist.

Tipp | Versicherungen

Nicht jede Hausratversicherung deckt Schäden ab, die durch Aquarienwasser verursacht werden. Daher sollten Sie Ihren Versicherungsschein diesbezüglich noch einmal genau überprüfen. Wollen Sie das Becken mitversichern, muss normalerweise eine zusätzliche Glasbruchversicherung abgeschlossen werden.

Der Aquarienfilter

Der Filter gehört zu den besonders wichtigen Geräten im Aquarium, denn er muss für eine gute Wasserqualität im Becken sorgen, damit die Fische ein gesundes Leben führen können. Aus diesem Grund sollte man bei seiner Auswahl auch keine Kompromisse eingehen und die Leistung des Gerätes so gut wie möglich auf die Größe und Besonderheiten des Beckens abstimmen. Bei den meisten modernen Aquarienfiltern handelt es sich um mit unterschiedlichen Filtermaterialien gefüllte Kunststoffbehälter, durch die mithilfe einer elektrischen Pumpe ständig Beckenwasser gesaugt wird, um so möglichst viele der festen und gelösten Abfallprodukte, die vor allem aus dem

Wie gut ein Aquarienfilter arbeitet, lässt sich zumeist schon an der Färbung der Fische, hier Schmetterlingsbuntbarsche, erkennen.

Stoffwechsel der Fische stammen, zu entfernen. Dadurch sorgt man aber nicht nur für klares Wasser im Aquarium, sondern beseitigt außerdem Substanzen, von denen einige in hohen Konzentrationen gesundheitsschädlich für die Beckenbewohner sind. Benutzt werden für diese Reinigungsprozesse verschiedene Medien, mit denen man ganz unterschiedliche Effekte erzielt, daher mechanische, biologische und chemische Filterung.

Mechanische Filterung

Bei der mechanischen Filterung werden feine Schmutzpartikel und Schwebstoffe vom Filtermaterial zurückgehalten und dann bei der regelmäßigen Reinigung des Filters aus dem Wasserkreislauf entfernt. Zu einem großen Teil handelt es sich bei diesen Substanzen um den Kot der Fische, es können aber auch faulende Pflanzenteile oder Futterreste sein. Als Material nimmt man normalerweise Filterwatte oder spezielle Schwämme aus dem Fachhandel, die dann bei der Filterreinigung ersetzt oder ausgewaschen werden.

Biologische Filterung

Neben den festen Abfallprodukten gelangen aber auch ständig lösliche Substanzen ins Beckenwasser, von denen einige sehr giftig sind. Größtenteils stammen diese ebenfalls aus dem Stoffwechsel der Fische, die neben ihrem Kot ja auch Urin und gasförmige Stoffe abgeben. Aber auch verwesende organische Stoffe, beispielsweise abgestorbene Pflanzenteile, tote Fische oder Futterreste, reichern das Wasser eines Aquariums ständig mit löslichen Abfallprodukten an.

Zu diesen Substanzen gehört vor allem Ammoniak, das für Fische schon in geringer Konzentration stark gesundheitsschädlich ist, weil es die Zellwände der Tiere durchdringt und dann durch eine dramatische Erhöhung des pH-Wertes im Zellplasma den Ausfall lebenswichtiger Funktionen verursachen kann. Glücklicherweise befindet sich das gefährliche Ammoniak aber im Gleichgewicht mit ungiftigem Ammonium, und weil in jedem Aquarium zudem noch unzählige „nützliche" Bakterien – hauptsächlich *Nitrosomonas*-Arten – leben, die durch ihre Stoffwechseltätigkeit ununterbrochen Ammonium in Nitrit umwandeln, verschiebt sich das Gleichgewicht der beiden Substanzen ständig zuungunsten des giftigen Ammoniaks.

Leider ist aber auch Nitrit noch schädlich für unsere Zierfische, weil es die Funktion des Blutfarbstoffs Hämoglobin beeinträchtigen kann. In einem gut funktionierenden Aquarium gibt es aber auch für dieses Problem eine Lösung, denn andere Bakterien – vor allem Arten aus der Gattung *Nitrobacter* – wandeln die schädliche Substanz ständig in Nitrat um, das für Fische – zumindest in nicht zu hohen Konzentrationen – unbedenklich ist und zudem von Pflanzen ständig für den Aufbau neuer Zellsubstanz genutzt wird.

Damit diese Abläufe in einem Aquarium möglichst reibungslos funktionieren, ist es wichtig, dass genügend dieser nützlichen Mikroorganismen vorhanden sind. Aus diesem Grund wird der Filter auch nicht nur mit Watte oder Schwämmen zur mechanischen Reinigung ausgestattet, sondern zusätzlich mit einem Material, das eine sehr große Oberfläche besitzt, sodass sich dort möglichst viele der nützlichen Bakterien ansiedeln können. Bei diesem speziellen Filtermaterial, das im Fachhandel in großer Auswahl angeboten wird, kann es sich um stark poröse Keramikröhrchen handeln, aber beispielsweise auch um Lavagranulat oder spezielle Schwämme, die alle für eine Oberflächenvergrößerung von oft mehreren Hundert Quadratmetern pro Liter Material sorgen (siehe S. 16) – mit dem Ergebnis, dass in einem Aquarienfilter viele Milliarden Mikroorganismen leben und „arbeiten" können.

Chemische Filterung

Während die mechanische und die biologische Filterung für jedes Becken unverzichtbar sind, setzen viele Aquarianer chemische Filtermedien, mit deren Hilfe versucht wird, ganz bestimmte Moleküle aus dem Beckenwasser zu entfernen, nicht ständig, sondern sehr gezielt ein. Ein typisches Beispiel dafür ist das Herausfiltern unerwünschter Arzneimittelrückstände, die zu einer Behandlung von Krankheiten ins Becken gegeben wurden. Aber auch andere chemische Substanzen, etwa Chlor, lassen sich auf diese Weise zumindest teilweise entfernen. Am häufigsten wird zur chemischen Filterung Aktivkohle eingesetzt, es gibt für diesen Zweck aber auch spezielle Austauscherharze.

Neben dem Aquarienfilter tragen auch Pflanzen viel zu einer guten Wasserqualität bei – die Rotflossensalmler fühlen sich wohl.

Innen- oder Außenfilter

Innenfilter

Innenfilter haben den unbestreitbaren Vorteil, dass bei ihnen kein Wasserschadensrisiko besteht, weil das Wasser, anders als bei außerhalb des Beckens betriebenen Geräten, das Aquarium überhaupt nicht verlässt. Aber es gibt auch einige Nachteile. So benötigen Innenfilter einen Teil des Beckenvolumens, der dann natürlich nicht mehr für Fische und Pflanzen zur Verfügung steht, wobei erschwerend hinzukommt, dass sich vor allem größere Geräte nicht ganz einfach hinter Pflanzen oder Dekorationsgegenständen verstecken lassen. Außerdem ist – besonders bei einfachen Modellen – die Reinigung des Filters oft etwas schwierig, weil es sich nur schwer vermeiden lässt, dass ein Teil des Schmutzwassers in das Becken zurückläuft.

Früher wurden Innenfilter häufig mit einer Luftpumpe betrieben (siehe Praxis), während die meisten der heute angebotenen Geräte eine Tauchpumpe besitzen, deren Leistung sich häufig regeln und dadurch der Größe des Aquariums anpassen lässt. Achten Sie beim Kauf eines Innenfilters darauf, dass er nach Möglichkeit einen Schnellverschluss besitzt, mit dem sich der gesamte Filterbehälter zur Reinigung abnehmen lässt, während Motorgehäuse und Elektrokabel an ihrem Platz bleiben, weil das die Reinigungsarbeiten erleichtert.

Ausgestattet werden zumindest die größeren dieser Geräte mit speziellen Schwämmen für die mechanische, biologische und chemische Filterung (siehe S. 10/11), die in unterschiedlichen Einsätzen untergebracht und zur Reinigung dann als Ganzes herausgenommen werden können. Außerdem ist in größeren Innenfiltern, die bei manchen Aquarien sogar fest eingebaut

Innenfilter bringt man möglichst versteckt hinter Pflanzen oder Dekorationsgegenständen im Becken an.

> **Praxis** | **Luftpumpen**
>
> Für Aquarien zur Aufzucht von Jungfischen, in denen wenig Strömung herrschen soll, werden oft luftbetriebene Innenfilter eingesetzt. Ihr Prinzip beruht darauf, dass unzählige Blasen, die mithilfe einer Luftpumpe erzeugt werden, zur Oberfläche perlen und dabei Wasser mitreißen. Dadurch strömt Beckenwasser durch den Filter und wird so von Schmutzteilchen und anderen unerwünschten Substanzen befreit. Allerdings lassen sich auf diese Weise nur recht geringe Förderleistungen erzielen, sodass solche Geräte für größere Becken ungeeignet sind. Als Filtermaterial dient zumeist eine Schaumstoffpatrone oder auch Filterwatte.

sind, oft noch ein Platz für einen Regelheizer vorgesehen. Dadurch benötigt dieser keinen zusätzlichen Platz im Becken und stört so den optischen Eindruck nicht weiter, ganz abgesehen davon, dass das warme Wasser durch die Filterströmung gleichmäßig im Aquarium verteilt wird.

Außenfilter

Außenfilter weisen eine Reihe von Vorteilen auf, die sie zu den heute meistbenutzten Filtersystemen gemacht haben. Einer davon ist, dass man die gesamte Einheit versteckt unter dem Becken anbringen kann. Dadurch bleibt mehr Platz im Aquarium, in dem sich nur noch der Ansaugstutzen und der Auslauf befinden, die sich recht gut verbergen lassen. Und da die Geräte keinen wertvollen Platz im Becken benötigen, können solche Außenfilter auch ein vergleichsweise großes Volumen haben, was besonders für die biologische Filterung sehr wichtig ist. Außerdem kann die Reinigung recht problemlos erfolgen, weil sich der Filtertopf, in dem die verschiedenen Filtermedien getrennt untergebracht sind, mit wenigen Handgriffen vom Wasserkreislauf trennen lässt, sodass kein Schmutz ins Becken zurückfließen kann.

Außenfilter gibt es in den unterschiedlichsten Ausführungen, darunter auch Modelle mit einer integrierten Heizung. Diese haben nicht nur den Vorteil, dass sich die Temperatur bequem über einen am Filtertopf angebrachten Regler einstellen lässt, sondern sie sorgen auch für eine gleichmäßige Wärmeverteilung. Einige Außenfilter sind zudem mit einer „Startautomatik" ausgestattet, die das etwas unangenehme Ansaugen von Beckenwasser nach

der Filterreinigung überflüssig macht. Und beim sogenannten Intervallfilter wird der Filterbehälter regelmäßig geleert und neu gefüllt, damit die nützlichen, im Filtertopf lebenden aeroben Bakterien besonders gut mit Sauerstoff versorgt werden (siehe Tipp), sodass sie ihrer Aufgabe, gelöste Schadstoffe vollständig und in möglichst kurzer Zeit abzubauen, besonders effektiv nachkommen können.

Bei Außenfiltern befinden sich nur der Ansaugstutzen und der Auslauf im Aquarium, während der große Filtertopf außerhalb des Beckens aufgestellt wird.

Welcher Filter für welches Becken?

Gleichgültig ob man einen Aquarienfilter nun innerhalb oder außerhalb des Beckens anbringt – wichtig ist es auf jeden Fall, ihn an die Größe des jeweiligen Beckens und die Besatzdichte anzupassen. Bei der Auswahl des Gerätes empfiehlt es sich, folgende

Die Leistungen des Filters und des Regelheizers müssen möglichst genau auf die Beckengröße abgestimmt werden.

Vorgaben möglichst optimal aufeinander abzustimmen:

- Für die mechanische Reinigung eines Aquariums reicht es normalerweise aus, wenn ein Filter das gesamte Beckenwasser etwa einmal pro Stunde völlig umwälzt.
- Damit die biologische Filterung möglichst gut funktioniert, sollte das Volumen des eingesetzten Gerätes möglichst groß sein – mindestens 0,5 Prozent des Beckeninhalts – und die Pumpleistung so gewählt werden, dass pro Minute nicht mehr als die zwei- bis dreifache Filtervolumenmenge umgewälzt wird.

Die Pumpleistung ist bei den meisten Geräten auf der Verpackung oder in der Gebrauchsanweisung angegeben (normalerweise in Litern pro Stunde). Allerdings werden solche Werte von den Herstellern nicht selten mit leerem Filter und ohne Höhenunterschied zwischen Becken und laufendem Gerät ermittelt, sodass sie den Alltagsbedingungen nicht unbedingt entsprechen. Daher sollte man diese Angaben bei den Überlegungen auch eher als Minimum ansetzen. Wer es genauer wissen möchte, kann den tatsächlichen Wert der Pumpleistung dadurch ermitteln, dass er den im Aquarium installierten Filter eine bestimmte Zeit lang, beispielsweise 15 Sekunden, Wasser in einen Messbecher pumpen lässt und die Förderleistung dann folgendermaßen errechnet: Gemessenes Wasservolumen [ml] x 4 x 60 / 1000 = Liter pro Stunde.

Bodenfilter

Zusätzlich zu einem herkömmlichen Innen- oder Außenfilter setzen einige Aquarianer manchmal auch noch einen Unterbodenfilter ein. Dies mag sich im ersten Moment etwas merkwürdig anhören, aber tatsächlich lässt sich der Bodengrund eines Aquariums durchaus als Filter verwenden, allerdings nur als biologischer. Möglich ist dies, weil die dicke, aus vielen einzelnen Steinchen bestehende Kiesschicht eine sehr große Oberfläche für die Ansiedlung nützlicher Bakterien bietet. Und diese können dann – genau wie die im Filter lebenden Mikroorganismen – einen Großteil der im Wasser gelösten Schadstoffe abbauen. Allerdings empfiehlt es sich, für die mechanische Reinigung einen zusätzlichen Filter zu verwenden, denn der Bodengrund sollte nach Möglichkeit nur schwach durchströmt werden.
Ein typischer Bodenfilter besteht aus einer siebartig durchlöcherten Plat-

Praxis Filterauslauf

Die Anreicherung des Aquarienwassers mit Sauerstoff findet an der Oberfläche des Beckens statt, und sie ist umso größer, je stärker die Wasseroberfläche bewegt wird. Die Sauerstoffaufnahme lässt sich erhöhen, wenn man den Filterauslauf so anbringt, dass an der Oberfläche ständig eine spürbare Strömung erzeugt wird. Allerdings darf diese in bepflanzten Becken nicht zu stark sein, weil bei der Wasserbewegung immer auch Kohlendioxid ausgetrieben wird, das den Pflanzen dann zum Wachsen fehlt.

te mit einem zur Wasseroberfläche führenden Steigrohr, an das eine Pumpe angeschlossen wird. Grundsätzlich lassen sich bei solchen Geräten zwei Typen unterscheiden. So gibt es Filter, bei denen das Wasser zunächst durch den Bodengrund gesaugt und dann über das Steigrohr an die Wasseroberfläche zurückgepumpt wird (Ansaugprinzip). Problematisch ist dabei, dass bei diesem Verfahren ständig auch feste Abfallstoffe in den Kies gelangen. Dadurch setzt sich dieser schon bald zu und lässt schließ-

lich kaum noch Wasser durch. Als Folge davon wird irgendwann das gesamte biologische System unwirksam, weil die nützlichen Bakterien nicht mehr mit Sauerstoff versorgt werden können und absterben (siehe S. 13/14). Daher sind eher sogenannte Bodenfluter zu empfehlen, bei denen das Wasser durch den Bodengrund gedrückt wird (Durchströmprinzip), was den Vorteil hat, dass zu Boden gesunkene größere Schmutzteilchen aufgewirbelt und in den zusätzlich vorhandenen mechanischen Filter gesaugt werden. Dadurch unterbleibt die Verschmutzung der Kiesschicht, sodass man sie nicht ständig säubern oder erneuern muss.

Bei Einsatz eines Bodenfilters sollte man eine mindestens 5 cm dicke Kiesschicht (Korngröße 3-5 mm) über der Bodenplatte aufbringen und den Durchfluss genau regulieren, damit das Wasser, das auch mechanisch vorgereinigt sein kann, nicht zu schnell durch den Kies gedrückt wird, weil den Bakterien dann mehr Zeit für den Abbau der Schadstoffe bleibt. Außerdem ist zu beachten, dass solche Systeme hauptsächlich für kleine oder sehr schwach besetzte Aquarien geeignet sind.

Aquarienfilter sorgen nicht nur für klares Wasser, sondern sie entfernen auch lösliche Schadstoffe aus dem Becken.

Filtermaterial

Wichtig für die Aufbereitung des Aquarienwassers ist aber nicht nur die Wahl des richtigen Filtermodells, sondern das Gerät muss außerdem mit geeignetem Filtermaterial in einer bestimmten Reihenfolge ausgestattet werden, weil sich nur so die unerwünschten Substanzen aus dem Wasser entfernen lassen. Unterschieden werden dabei – analog zu den unterschiedlichen Filtermethoden – mechanische, biologische und chemische Filtermassen.

Mechanische Filtermedien

Das älteste und immer noch sehr häufig verwendete Material für die mechanische Reinigung ist Filterwatte. Sie wird normalerweise als eine Art Vorfilter verwendet, kommt also an die Stelle des Gerätes, an der das Wasser eingesaugt wird. Durch die Watte, die es in jedem Zoofachgeschäft gibt, werden vor allem grobe Schmutzpartikel zurückgehalten, damit diese das Wasser nicht länger trüben können. Außerdem sorgt sie dafür, dass die biologisch aktiven Schichten (siehe unten) nicht zu stark verschmutzen, denn das würde deren Effektivität stark beeinträchtigen, weil die nützlichen Bakterien nicht mehr genug lebenswichtigen Sauerstoff bekommen (siehe S. 13/14). Die Filterwatte muss regelmäßig ausgetauscht werden, denn sie setzt sich relativ schnell mit Schmutzpartikeln zu und verringert den Durchlauf dann ganz erheblich. Anstelle von Filterwatte kann man auch Schaumstoffschwämme einsetzen, die den Vorteil haben, dass sie sich auswaschen und so mehrfach verwenden lassen. Außerdem siedeln sich auf ihrer vergleichsweise großen Oberfläche immer auch zahlreiche nützliche Bakterien an, die zusätzlich helfen, Schadstoffe aus dem Wasser zu entfernen. Daher sollte man solche Schwämme bei der Reinigung nicht zu heiß auswaschen, damit die Mikroorganismen nicht abgetötet werden.

Biologische Filtermedien

Auf den biologischen Filtermaterialien sollen sich so viele nützliche Bakterien wie möglich ansiedeln und dann durch ihre Stoffwechseltätigkeit einen Großteil der im Wasser vorhandenen Schadstoffe in unbedenklichere Substanzen umwandeln (siehe S. 10/11). Dabei gilt: Je mehr dieser Mikroorganismen im Filter leben, umso besser ist die Aufbereitung des Beckenwassers. Und damit sich möglichst viele Bakterien ansiedeln können, stellt man ihnen Filtermedien mit einer sehr großen

Für die Gesunderhaltung der Fische ist optimal gefiltertes Wasser unverzichtbar. Diese Fahnen-Kirschflecksalmler sind auf eine besonders gute Wasserqualität angewiesen.

Oberfläche zur Verfügung. Zumeist handelt es sich dabei um sehr poröses Material auf Keramik-, Ton-, Lava- oder Glasbasis, mit dem sich eine Oberfläche von 250 bis 450 Quadratmetern pro Liter erreichen lässt. Und auf einer derart großen Fläche können dann viele Milliarden der mikroskopisch kleinen Mikroorganismen leben.

Häufig werden als biologische Filtermedien aber auch Schwämme eingesetzt, die es mit unterschiedlichen Porengrößen gibt. Diese dürfen, ebenso wie das zuvor erwähnte poröse Keramik-, Lava-, Glas- oder Tonmaterial, bei der Reinigung des Filters nicht zu heiß ausgewaschen werden, damit man nicht zu viele der Bakterien abtötet. Außerdem empfiehlt es sich, bei jeder Filterreinigung immer nur etwa zwei Drittel des Materials oder nur einige von zumeist mehreren Schwämmen auszuwaschen, damit sich die nützlichen Mikroorganismen schnell wieder vermehren und ausbreiten können.

Sonstige Filtermaterialien

Neben den Filtermaterialien zur mechanischen und biologischen Reinigung gibt es noch Filtermassen für spezielle Zwecke. In diesem Zusammenhang ist vor allem Aktivkohle zu nennen, die zumeist benutzt wird, um Giftstoffe, beispielsweise Medikamentenrückstände, aus dem Wasser zu entfernen.

Ein anderes Material, mit dem Filter manchmal bestückt werden, ist Aquarientorf oder Torfgranulat. Allerdings dient Torf nicht dazu, etwas aus dem Becken herauszufiltern, sondern man reichert das Wasser vielmehr mit zusätzlichen Substanzen an, sodass es sich streng genommen nicht um ein Filtermedium handelt. Benutzt wird Aquarientorf, wenn die Absicht be-

steht, den pH-Wert des Wassers durch Gerbsäuren, die aus dem Torf freigesetzt werden, zu senken. Gleichzeitig wird das Wasser dadurch weicher, weil die Säuren mit Kalzium, das in hartem Wasser vergleichsweise viel enthalten ist, eine wasserunlösliche Verbindung eingehen und so den Härtegrad verringern. Angewendet wird die Filterung über Torf beispielsweise in Regionen mit sehr hartem Wasser, wenn dort Salmler oder andere Fische gehalten werden sollen, die weiches, leicht saures Wasser benötigen.

Bei der Filterung über Torf sollte man ausschließlich im Fachhandel erhältlichen Aquarientorf verwenden, denn in Gartentorf können eventuell Substanzen enthalten sein, die den Fischen schaden. Wissen muss man außerdem, das sich Aquarienwasser durch die von Torf abgegebenen Säuren leicht bräunlich färbt, was den optischen Eindruck aber nicht unbedingt schmälern muss. Außerdem findet man in den Heimatgewässern vieler Salmler oft ähnliche Verhältnisse (siehe S. 96/97).

Viele tropische Aquarienfische, etwa diese Ohrgitter-Harnischwelse, benötigen weiches, leicht saures Wasser, das man in Regionen mit hartem Wasser durch Filterung über Torf erhält.

Die Heizung

Regelheizer

Regelheizer bestehen aus einem wasserdicht verschlossenen Glasrohr, in dem sich ein Heizstab und ein Bimetallregler befinden, der das Gerät ein- und ausschaltet. Außerdem sind die Geräte zumeist mit einer kleinen Glimm-

Eine Bodenheizung besteht aus einem Heizkabel, das unter dem Kies verlegt wird.

lampe ausgestattet, die anzeigt, ob der Heizer gerade arbeitet, sowie einem Drehknopf, mit dessen Hilfe sich die Temperatur einstellen lässt.
Angeboten werden solche Stabheizer in unterschiedlichen Stärken – üblich sind Leistungen zwischen zehn und 500 Watt – damit man sich ein passendes Gerät für die Größe des geplanten Aquariums aussuchen kann. Als Faustregel gilt, dass in normal geheizten Räumen etwa ein Watt pro Liter Beckenwasser ausreicht, damit die gewünschte Temperatur gehalten wird. Genaue Angaben findet man in der Regel auf der Verpackung des Heizers, die man vor dem Kauf eines Gerätes auf jeden Fall zurate ziehen sollte. Empfehlenswert ist es, einen etwas höher dimensionierten Regelheizer zu erwerben, weil man dadurch eine größere Leistungsreserve zur Verfügung

hat, falls die Raumtemperatur einmal unerwartet absinkt.
Bei größeren Becken kann es sinnvoll sein, zwei kleinere Stabheizer zu verwenden, um auf die benötigte Leistung zu kommen, etwa 2 x 100 Watt in einem Becken mit 200 Litern. Diese bringt man am besten an verschiedenen Seiten des Beckens an, damit das Aquarium möglichst gleichmäßig erwärmt wird. Ein weiterer Vorteil bei der Verwendung von zwei Regelheizern ist, dass auch dann noch eine Mindesttemperatur aufrechterhalten wird, wenn einer der Heizstäbe ausfällt.
Unbedingt zu beachten ist, dass ein in Betrieb befindlicher Heizstab stets von Wasser bedeckt sein muss (auch beim Wasserwechsel!), da es sonst schnell zu einer Überhitzung des Gerätes und zu einem Defekt kommt.

Weitere Möglichkeiten

Neben Regelheizern werden in Aquarien manchmal spezielle, unter dem Bodengrund verlegte Heizkabel verwendet. Diese kommen insbesondere dem Pflanzenwachstum zugute, denn die durch die Wärme entstehende

Tipp | Sicherheit

Bekanntlich kann die Wirkung eines Stromschlags in Verbindung mit Wasser verheerend sein. Daher nur geprüfte Geräte, also solche mit einem entsprechenden Vermerk (GS oder VDE) erwerben. Außerdem sollten Sie es sich zur Angewohnheit machen, Regelheizer, Heizkabel oder Thermofilter vor dem Hantieren im Becken unbedingt vom Stromkreis zu trennen.

Praxis   Thermometer

Zur Kontrolle der Wassertemperatur sollte jedes Aquarium mit einem gut ablesbaren Thermometer ausgestattet sein, von denen der Fachhandel eine große Auswahl bereithält. Machen Sie es sich zur Gewohnheit, die Temperatur möglichst täglich zu überprüfen, denn der Sauerstoffgehalt des Wassers hängt unter anderem auch von der Temperatur ab, sodass eine stärkere Erhöhung oder Absenkung die Wasserqualität verändern kann. Außerdem reagieren einige Tropenfische recht empfindlich auf eine Temperaturänderung im Becken.

um legt, konnten sich dagegen kaum durchsetzen. Zwar haben sie den unbestreitbaren Vorteil, dass sie sehr sicher sind, weil Wasser und Strom räumlich voneinander getrennt sind, aber sie haben im Vergleich zu einem Stabheizer auch einen deutlich höheren Preis. Und außerdem muss man bei einem eventuellen Austausch einer defekten Heizmatte das ganze Aquarium ausräumen und neu einrichten.

Wasserzirkulation im Boden sorgt für einen gleichmäßigen Transport von Mineralstoffen, die dann von den Pflanzen genutzt werden können. Die meisten Aquarianer verwenden solche Systeme in Verbindung mit einem zusätzlichen Regelheizer oder Thermofilter (siehe unten), damit die Bodenheizung nicht für die gesamte Erwärmung des Aquariums sorgen muss, weil es sonst leicht zu einer übermäßigen Aufheizung des Bodengrundes kommt, was schlecht für die Pflanzen ist.

Eine andere Alternative sind Filter mit integrierter Heizung (**Thermofilter**). Dabei handelt es sich um herkömmliche Außenfilter, die zusätzlich mit einer Heizspirale ausgestattet sind, die das Beckenwasser beim Durchlauf erwärmt. Solche Geräte haben den Vorteil, dass sich die Temperatur dank einer vorhandenen Digitalanzeige nicht nur komfortabler einstellen lässt als bei einem Regelheizer, sondern dass das erwärmte Wasser durch die vom Filter erzeugte Strömung sehr gleichmäßig im Becken verteilt wird.

Heizmatten, die man zur Erwärmung des Wassers einfach unter das Aquari-

Unterirdisch verlegte Heizkabel sorgen durch eine ständige Wasserzirkulation im Bodengrund dafür, dass die Aquarienpflanzen optimal mit Nährstoffen versorgt werden.

Die Beleuchtung

Aquarien werden aus verschiedenen Gründen beleuchtet. Einer davon ist, dass wir uns an der Farbenpracht der Fische und dem Anblick eines hübsch eingerichteten Beckens erfreuen können. Ebenso wichtig ist aber auch, dass die tierischen Bewohner des Aquariums einen regelmäßigen Tag-Nacht-

Durchmesser von 26 mm benutzt, während man die Becken heute zumeist mit T5-Leuchtstofflampen ausrüstet, die mit einem Durchmesser von 16 mm zwar deutlich dünner sind, aber dennoch eine vergleichbare Lichtleistung bei geringerem Stromverbrauch aufweisen. Außerdem produzieren ihre

Für üppiges Pflanzenwachstum muss das Aquarium mit leistungsfähigen Lampen ausgestattet werden.

Rhythmus benötigen und Pflanzen ausreichend Licht zum Wachsen. Für die Beleuchtung eines Süßwasseraquariums werden heute fast ausschließlich Leuchtstoffröhren („Neonröhren") verwendet, aber für sehr hohe oder oben offene Becken gibt es auch noch andere Möglichkeiten.

Leuchtstofflampen

Mit Leuchtstoffröhren, die es im Fachhandel in verschiedenen Längen, Intensitäten und Lichtfarben gibt, lässt sich ein Aquarium sehr effizient und gleichmäßig beleuchten. Früher wurden für diesen Zweck hauptsächlich sogenannte T8-Röhren mit einem

elektronischen Vorschaltgeräte, ohne die Leuchtstofflampen nicht funktionieren, ein weitgehend flimmerfreies Licht und deutlich weniger Abwärme als die der T8-Röhren, was für Aquarien ebenfalls günstiger ist, weil die Lampen normalerweise in der engen Abdeckung untergebracht sind, wo es leicht zu heiß werden kann. Ein weiterer Vorteil ist, dass dank der schlankeren Bauweise der T5-Röhren ein größerer Teil des nach oben abgestrahlten Lichts von den Lampenreflektoren, mit denen Aquarienabdeckungen normalerweise ausgestattet sind, ins Becken zurückfällt und so für helleres Licht sorgt. Achten Sie bereits beim Kauf des Aquariums darauf, dass beim Einbau der Beleuchtung in die Abdeckung wasserdichte Anschlüsse benutzt wurden. Ist das nicht der Fall, sollten Sie das Becken mit einer Glasscheibe abdecken, damit es durch Spritz- und Kondenswasser nicht zu Kurzschlüssen kommt. Von solchen Abdeckscheiben müssen Sie aber unbedingt regelmäßig Schmutz und Algen entfernen, weil sonst schon bald sehr viel weniger Licht als gewünscht ins Aquarium gelangt.

Wie erwähnt, bekommt man heute Leuchtstoffröhren in vielen Farbvarianten, die sich zudem beliebig kombinieren lassen, um das benötigte oder gewünschte Spektrum zu erhalten. So gibt es Röhren mit einer spektralen Zusammensetzung für ein besonders gutes Pflanzenwachstum, andere haben eine Lichtfarbe, wie sie in klaren Gewässern, etwa einem Gebirgsbach, vorherrscht, oder liefern ein Spektrum, das die Farben bestimmter Fische besonders gut zur Geltung bringt. Bisher gibt es bei den T8-Röhren noch eine größere Auswahl an verschiedenen Lichtfarben, was sich aber in absehbarer Zeit ändern dürfte.

Da Licht das Wasser sehr viel schlechter durchdringt als die Luft, muss eine Lichtquelle um so stärker sein, je höher das Aquarium ist, weil der Boden sonst nicht hell genug ausgeleuchtet wird. Als Faustregel gilt, dass man Becken von bis zu 50 cm Wassertiefe, in denen Pflanzen mit einem mittleren Lichtbedarf wachsen sollen, mit einem Watt pro zwei Liter Wasser ausstatten sollte. Will man Pflanzen mit sehr hohem Lichtbedarf einsetzen, muss man eher mit einem Watt pro Liter Wasser rechnen; bei Pflanzen mit geringem Lichtbedarf genügt ein Watt pro vier Liter Wasser. In sehr hohen Aquarien kann es notwendig sein, eine andere Lichtquelle als Leuchtstoffröhren zu verwenden, etwa Quecksilberdampflampen (siehe S. 22). Damit das Becken gut ausgeleuchtet ist, sollten die Röhren annähernd so lang

Tipp | Sicherheit

Auch für die Beleuchtung gilt, dass es wegen der unheilvollen Verbindung von Strom und Wasser zu schweren Unfällen kommen kann, wenn beispielsweise die Abdeckung in das Becken abrutscht. Daher sollte man jedes Mal, wenn man im Aquarium hantiert, den Netzstecker der Lampe aus der Steckdose ziehen.

Die Färbung und Zeichnung vieler Zierfische, z.B. dieser Keilfleckbärblinge, kommt nur bei optimaler Beleuchtung richtig zur Geltung.

wie das Aquarium sein. Zu beachten ist weiterhin, dass die Lampen im Lauf der Zeit einen Teil ihrer Leuchtkraft verlieren und daher regelmäßig ausgewechselt werden müssen. Bei einigen Lichtfarben, etwa Röhren, die speziell auf gutes Pflanzenwachstum zugeschnitten sind, beträgt die Nutzungsdauer etwa eineinhalb Jahre (6 000–7 000 Stunden), während sich herkömmliche Leuchtstoffröhren oft doppelt so lange nutzen lassen.

HQI- und HQL-Lampen

Eine andere Möglichkeit, ein Aquarium zu beleuchten, ist der Einsatz von Quecksilberdampf-Hochdrucklampen (HQL) und Halogen-Metalldampflampen (HQI), die besonders für höhere Becken geeignet sind, aber auch gern in Hängeleuchten über offenen Aquarien verwendet werden. Und weil sie einen vergleichsweise kleinen Leuchtkörper besitzen, kann man sie gut in scheinwerferartige Leuchten einbauen und diese dazu benutzen, um besondere Effekte zu erreichen oder einen bestimmten Abschnitt des Aquariums stärker hervorzuheben.

Quecksilberdampf-Hochdrucklampen haben den großen Nachteil, dass sie Lücken im Lichtspektrum aufweisen, sodass die Fische, aber auch die Pflanzen und Dekorationsgegenstände oft ziemlich farblos wirken. Bei Halogen-Metalldampflampen, die sich von Quecksilberdampf-Hochdrucklampen nicht zuletzt dadurch unterscheiden, dass sie dank zusätzlicher halogenierter Metallverbindungen eine bessere Spektralverteilung haben, kann man dagegen aus einer Zahl unterschiedlicher Lichtfarben wählen. Allerdings sind diese Lampen auch nicht ganz billig. Die Lebensdauer wird bei Halogen-Metalldampflampen mit

Zur Oberfläche wachsende und sich dort ausbreitende Pflanzen wie der Basilianische Wassernabel müssen regelmäßig ausgedünnt werden, damit stets ausreichend Licht ins Becken fällt.

Verschiedene Aquarienpflanzen können unterschiedliche Lichtansprüche haben, was bei der Bepflanzung des Beckens berücksichtigt werden muss. Die abgebildete Haarnixe etwa hat einen hohen Lichtbedarf.

Praxis   Lampentausch

Wie bereits auf S. 21 erwähnt, müssen die Leuchtstoffröhren und Hochdruck- oder Metalldampflampen eines Aquariums regelmäßig ausgetauscht werden. Dabei sollte man darauf achten, dass die neuen Lampen das gleiche Farbspektrum haben, wie die zuvor benutzten, weil ein Wechsel dazu führen kann, dass plötzlich sehr viel mehr Algen wachsen. Der Grund dafür ist, dass höhere Pflanzen sehr viel komplizierte Pigmentsysteme besitzen als Algen und sich daher nicht so schnell an die neuen Verhältnisse anpassen können, wie die einfacher gebauten, niederen Organismen.

durchschnittlich etwa 6000 Stunden angegeben, was ungefähr eineinhalb Jahren entspricht; Quecksilberdampf-Hochdrucklampen lassen sich etwas länger verwenden.
Welche Leistung solche Lampen haben müssen, damit ein Aquarium ausreichend beleuchtet wird, lässt sich folgendermaßen überschlagen: Für ein Becken von etwa 50 cm Wassertiefe rechnet man zwei Watt pro einen cm Wasser-

Nur wenn Sie die Leuchtstoffröhren ihres Aquariums regelmäßig austauschen, ermöglichen Sie den Pflanzen ein optimales Wachstum und beugen Algen vor.

tiefe. Wer Quecksilberdampf-Hochdruck- oder Halogen-Metalldampflampen über einem offenen Becken aufhängen möchte, sollte darauf achten, dass sie spritzwassergeschützt sind oder aber einen Sicherheitsabstand von 50 cm zur Wasseroberfläche einhalten.

Beleuchtungsdauer

In der Natur sind die Tageslängen je nach geografischer Breite und Jahreszeit etwas unterschiedlich. Da in Heimaquarien aber normalerweise tropische Fische gehalten werden, in deren Lebensraum etwa zwölf Stunden Tageslicht und zwölf Stunden Dunkelheit herrschen, sollte man für solche Bedingungen auch im Aquarium sorgen. Damit kommen die meisten Pflanzen ebenfalls gut zurecht, also auch subtropische Arten, von denen viele aus Biotopen stammen, in denen die Tageslänge – abhängig von der Jahreszeit – unterschiedlich ist. Hat man mehrere Röhren mit verschiedener Intensität und Lichtfarbe kombiniert, kann man sie nacheinander an- und ausschalten und so den Rhythmus des Tropentages noch besser imitieren. Zu beachten ist, dass kürzere Beleuch-

tungszeiträume zu einem geringeren Wachstum der Aquarienpflanzen führen, sodass es sich empfiehlt, die Beleuchtung über eine Zeitschaltuhr ein- und auszuschalten.

Info   Lampenfarben

Pflanzen stellen bekanntlich mithilfe des biochemischen Prozesses der Fotosynthese aus Kohlendioxid und Wasser Kohlenhydrate und Sauerstoff her. Als Energiequelle dient dafür normalerweise Sonnenlicht, und weil das in einem Aquarium nicht zur Verfügung steht, versucht man die Beleuchtung in bepflanzten Becken so zu wählen, dass ihre Qualität dem Licht der Sonne möglichst nahekommt. Daher sollte man für ein gutes Pflanzenwachstum auch Lampen aussuchen, die das gesamte Spektrum des sichtbaren Lichtes (390 bis 760 Nanometer) umfassen. Oft ist bei solchen Leuchtstoffröhren zusätzlich der Blau- und Orangerote-Anteil verstärkt, weil dies die roten, orangefarbenen und blauen Farbtöne der Zierfische besser zur Geltung bringt. Allerdings fördert diese Modifikation häufig auch das Wachstum unerwünschter Algen, sodass man solche Modelle nur in Kombination mit anderen Röhren verwenden sollte.

Weiteres Zubehör

Neben den unverzichtbaren Ausrüstungsgegenständen wie Filter, Heizung oder Beleuchtung gibt es eine Vielzahl weiterer Zubehörteile für Aquarien.

Testsysteme zur Überprüfung der Wasserqualität

Eine Kontrolle der Wasserqualität ist nicht nur bei Einrichtung eines neuen Aquariums sehr wichtig, sondern Sie sollten es sich zur Gewohnheit machen, die Wasserwerte auch in einem gut eingefahrenen Becken regelmäßig zu überprüfen. Und weil es im Fachhandel mittlerweile sehr einfach zu handhabende Testsysteme für diesen Zweck gibt, stellt eine solche Kontrolle heute kaum noch ein Problem dar. Regelmäßig überprüfen sollte man den pH-Wert und Härtegrad sowie die Konzentration an Ammonium/Ammoniak oder Nitrat/Nitrit und unter Umständen auch den Kohlendioxidgehalt oder die Chlor- und Phosphatkonzentration. Solche Untersuchungen werden normalerweise mit Teststreifen, Tabletten oder Flüssigreagenzien durchgeführt; bei aufwendigeren Sets kann man oft auch mehrere Parameter in einem Durchgang überprüfen. So bestimmt man den pH-Wert beispielsweise dadurch, dass man einer Wasserprobe einige Tropfen einer Indikatorlösung hinzufügt und die nachfolgende Farbänderung dann mit einer beiliegenden Farbskala vergleicht. Man kann aber auch Teststreifen verwenden, die nach dem gleichen Prinzip funktionieren. Genauer als Testreagenzien arbeiten elektronische Messgeräte (pH-Meter), die aber auch deutlich teurer sind.

Umkehrosmoseanlage

In Regionen mit sehr hartem Leitungswasser (in manchen Städten liegen die Werte zwischen 25 und 40°d) kann es notwendig sein, Maßnahmen zur Wasserenthärtung vorzunehmen, um bestimmte Fische pflegen zu können. Einsetzen lässt sich dafür eine handelsübliche Umkehrosmoseanlage, bei der unerwünschte Härtebildner, vor allem Kalzium und Magnesium, aber auch Nitrat und Phosphor, durch eine spezielle Membran zurückgehalten werden. Solche Geräte, die sich einfach an einen Wasserhahn anschrauben lassen, damit der Druck aus der Leitung das Wasser durch die Membran drücken kann, sind vergleichsweise wartungsfreundlich und dank der gesteigerten Nachfrage inzwischen auch nicht mehr unerschwinglich. Außerdem entfernen solche Geräte zum Teil auch Schwermetalle, Nitrat und Nitrit sowie Bakterien aus dem Wasser. Zu beachten ist, dass bei einer Enthärtung des Wassers auch der pH-Wert sinkt, denn beide Parameter sind voneinander abhängig.

Praxis   Wasserqualität

Schlechte Wasserqualität ist einer der häufigsten Gründe dafür, dass Fische erkranken oder sterben. Daher sollten Sie auf die regelmäßige, heute recht einfache Überprüfung der Wasserwerte ihres Beckens nicht verzichten. Zu beachten ist, dass die Testsysteme mit ihren chemisch aktiven Substanzen nicht unbegrenzt haltbar sind, sodass man sie von Zeit zu Zeit austauschen muss.

UV-Entkeimer

Bei übermäßiger Algenbildung oder besonders krankheitsanfälligen Fischen kann ein sogenannter UV-Entkeimer gute Dienste leisten. Dabei macht man sich zunutze, dass ultraviolettes Licht (UV-Licht) eine schädigende Wirkung auf alle Organismen hat, darunter auch Parasiten, Krankheitserreger oder im Wasser schwebende Algen. Das Gerät besteht aus einer UV-Lampe, die von einem Gehäuse umgeben ist, das die ultraviolette Strahlung nicht durchdringen kann, denn diese ist natürlich auch für Menschen ungesund, wobei besonders die Augen gefährdet sind.

Durch das Gehäuse wird nun ständig Aquarienwasser an der Lampe vorbeigesaugt, um darin befindliche Organismen abzutöten. Anschließend fließt das so behandelte Wasser wieder ins Aquarium zurück.

Am einfachsten ist es, den Entkeimer in den Filterkreislauf einzubinden. Wird ein Innenfilter verwendet, schließt man das Gerät am besten an ein sogenanntes Powerhead an, also eine starke Unterwasserpumpe. Achten müssen Sie dabei auf die Durchflussgeschwindigkeit, denn das Wasser darf nicht zu schnell an der UV-Lampe vorbeifließen, damit die Organismen dem UV-Licht lang genug ausgesetzt sind.

Auch wenn ein Aquarium auf den ersten Blick gesund und intakt wirkt, sollten Sie auf eine regelmäßige Kontrolle der Wasserqualität nicht verzichten.

Da die meisten Zierfische den lebensnotwendigen Sauerstoff aus dem Wasser aufnehmen, muss dieses stets gut durchlüftet sein. Diese Segelkärpflinge mögen auch eine kräftige Wasserströmung.

CO_2-Düngesystem

In dicht bepflanzten Becken wird oft mehr Kohlendioxid (CO_2) benötigt, als von den Fischen produziert wird oder aus der Luft aufgenommen werden kann. Dazu kommt, dass in vielen Aquarien die Wasseroberfläche durch den Filterauslauf ständig in Bewegung gehalten wird, damit sich ausreichend Sauerstoff im Beckenwasser löst, was aber gleichzeitig dazu führt, dass CO_2 entweicht. Und weil Kohlendioxid dann schnell in zu geringer Konzentration vorhanden ist, leidet nicht selten das Wachstum der Pflanzen, denn diese benötigen CO_2 unbedingt als Nährstoffquelle.

Eine bequeme, wenn auch nicht ganz billige Art, ein Aquarium mit CO_2 zu versorgen, ist eine handelsübliche Düngeanlage, die es in unterschiedlichen Ausführungen gibt. In der Regel bestehen solche Geräte aus einer Druckgasflasche mit flüssigem Kohlendioxid, einem Druckminderer (in der Vorratsflasche liegt der Druck bei etwa 60 bar), einer Vorrichtung zur exakten Dosierung und einem Diffusionsgerät, das der richtigen Mischung von Wasser und CO_2 dient. Bei aufwendigeren Geräten wird die Düngung zudem nachts automatisch abgeschaltet, weil die Pflanzen ohne Licht keine Fotosynthese betreiben und daher auch kein Kohlendioxid benötigen, das in zu hoher Konzentration schädlich für die Fische sein kann.

Wichtig ist es in jedem Fall, die Düngeanlage genau einzuregulieren, denn Aquarien haben aufgrund der unterschiedlich dichten Bepflanzung und verschieden starken Beleuchtung einen individuellen Bedarf an CO_2. Zur Messung des Kohlendioxidgehalts gibt es im Handel Testreagenzien, mit denen man in einem normal bepflanzten

Becken eine Konzentration zwischen 20-60 Milligramm pro Liter einstellen sollte (der Kohlendioxid-Verbrauch beträgt je 100 Liter Wasser pro Tag ungefähr 1-1,5 Gramm). Zu beachten ist, dass Gasvorratsflaschen regelmäßig auf ihre Sicherheit überprüft werden müssen und dass man bei einem Austausch der Schläuche nur Material verwenden darf, das für die Durchleitung von CO_2 auch geeignet ist, weil sonst zu viel Kohlendioxid entweicht. Außerdem ist zu beachten, dass es bei Einsatz eines solchen Gerätes zu einer Veränderung des pH-Wertes kommen kann, sodass man diesen häufiger als normalerweise üblich überprüfen sollte.

Luftpumpen

Früher gab es an vielen Aquarien eine Pumpe mit einer vibrierenden Gummimembran (Membranpumpe), an die ein Ausströmerstein angeschlossen war, der dafür sorgte, dass die in das Becken gepumpte Luft feinperlig im Wasser verteilt wurde. Die Absicht war dabei, den Sauerstoffgehalt im Becken zu erhöhen, denn die aufsteigenden Luftbläschen sorgten für eine ständige Umschichtung des Wassers an der Oberfläche, sodass dort ein besserer Luftaustausch stattfinden konnte. Da heute fast nur noch sehr effektive Filtersysteme verwendet werden, die eine kräftige Strömung im Becken erzeugen und so für eine ständige Bewegung der Wasseroberfläche und für den erwünschten Sauerstoffaustausch sorgen können, werden Ausströmersteine inzwischen fast nur noch verwendet, um einen hübschen optischen Effekt durch die aufperlenden Luftblasen im Aquarium zu erzeugen. Außerdem nimmt man sie manchmal noch zum Betreiben sehr kleiner Filter in einem Aufzucht- oder Quarantänebecken.

Diffusoren

Bei Diffusoren, die auf den Auslaufschlauch des Filters gesteckt werden, sorgt das durchströmende Wasser dafür, dass Luft angesaugt und ins Becken gedrückt wird. Dadurch entsteht ein ähnlicher Effekt wie bei Nutzung einer Luftpumpe mit Ausströmerstein (da kein Druck erzeugt wird, kann man mit Diffusoren aber keine Filter betreiben; siehe S. 12/13). Die kleinen Zubehörteile, die oft sogar zur Standardausstat-

> **Tipp** | Luftpumpen
>
> Achten Sie beim Kauf einer Luftpumpe unbedingt auf einen möglichst geringen Geräuschpegel. Oft ist die Lärmentwicklung auch geringer, wenn man das Gerät auf ein Stück Schaumstoff oder eine Gummiplatte stellt. Außerdem kann es notwendig sein, die Pumpe zu befestigen, weil sie durch die ständigen Vibrationen oft anfängt „herumzuwandern". Dabei kann sich unter Umständen der Schlauch vom Gerät lösen und sogar Wasser ausfließen.

tung eines Filters gehören, sind nicht nur preiswert, sondern verbrauchen auch keinen Strom. Normalerweise passen sie genau auf herkömmliche Aquarienschläuche und erzeugen umso mehr Luftblasen, je stärker der Filter ist. Diffusoren sind besonders für dicht besetzte Aquarien zu empfehlen, aber auch die aeroben Filterbakterien profitieren zumeist von dieser Form der Belüftung.

Durch Einsatz einer CO2-Düngeanlage kann man für ein besonders üppiges Pflanzenwachstum sorgen.

Bodengrund und Dekoration

Bodengrund

Der Bodengrund ist in einem Aquarium also nicht nur deswegen unverzichtbar, weil sich ohne ihn keine natürlich wirkende Unterwasserlandschaft gestalten ließe, sondern er wird auch von Pflanzen benötigt, die sonst keinen Halt im Becken finden würden. Bei der Wahl des Bodengrundes ist zu beachten, dass Sie ausschließlich chemisch inertes (reaktionsträges) Material verwenden, denn dieses gibt keine unerwünschten Substanzen ab und verändert somit den pH-Wert und die Härte nicht.

Der am häufigsten verwendete Bodengrund für Aquarien ist Kies, der die genannten Bedingungen erfüllt, sich auch nach längerer Zeit im Aquarium kaum verdichtet und sich außerdem leicht reinigen lässt. Kies ist in Korngrößen von 4 mm bis 2 cm erhältlich, und wenn man ihn im Fachhandel kauft, kann man ziemlich sicher sein, dass er keine scharfen Kanten besitzt, an denen sich die Fische, besonders solche, die am Boden nach Futter suchen, verletzen. Empfehlenswert ist es, nicht zu hellen Kies zu verwenden, weil ein etwas dunk-

ler gefärbter Bodengrund die Farben vieler Fische besser zur Geltung bringt. Für viele Arten, die am Boden nach Futter suchen oder sich sogar im Boden eingraben, ist Kies normalerweise ungeeignet. Daher sollte man in diesem Fall zumindest einige Bereiche mit Natur- oder Quarzsand gestalten, damit die Tiere sich dort aufhalten können. Beides gibt es ebenfalls im Zoofachhandel. Es ist aber nicht ratsam, den gesamten Untergrund mit Sand zu gestalten, weil sich vor allem der Natursand relativ schnell verdichtet und dann oft kein optimales Wachstum der Pflanzen mehr zulässt.

Steine

Steine gehören zu den beliebtesten Dekorationsgegenständen für Aquarien, denn sie tragen nicht nur viel zur natürlichen Wirkung des Beckens bei, sondern dienen vielen Fischen auch als willkommene Verstecke oder zur Eiablage. Außerdem lassen sich Steine gut zur Terrassierung des Bodens verwenden. Allerdings ist nicht jeder Stein

Steine gehören zu den beliebtesten Dekorationsgegenständen für Aquarien, aber nicht alle Gesteinsarten sind für die Gestaltung eines Beckens geeignet.

geeignet. Ausschließlich inertes Material darf benutzt werden, also Gestein, aus dem sich keine Bestandteile im Wasser lösen können.

Geeignet sind Schiefer, Granit, Basalt oder Lava, während Kalkstein oder auch nur ein kalkhaltiger Sandstein in einem Aquarium mit weichem Wasser oft katastrophale Folgen hat, weil der sich langsam aus dem Stein lösende Kalk die Bedingungen so stark verändert, dass im schlimmsten Fall alle Fische eingehen. Daher sollten alle, die nicht über gute geologische Kenntnisse verfügen, ihr Aquarium mit Steinen aus dem Fachhandel dekorieren.

Bei höheren Steinaufbauten empfiehlt es sich, die einzelnen Steine mit Silikon zu verkleben, damit die Konstruktion nicht einstürzen kann.

Holz

Neben Steinen gehört vor allem Holz zu den beliebtesten Dekorationsmaterialien für Aquarien, denn es wirkt nicht nur dekorativ und natürlich, sondern lässt sich auch gut zum Aufbinden bestimmter Pflanzen, beispielsweise Javafarn (*Microsorum pteropus*, siehe S. 83) benutzen, was den natürlichen Eindruck einer Dekoration noch erheblich verstärken kann. Am einfachsten ist es, im Fachhandel erhältliches Moorkienholz zu verwenden, das im Idealfall bereits jahrelang im Wasser gelegen hat. Verwendet man dagegen normale Äste oder Wurzeln, entstehen leicht Fäulnisherde, die übermäßig viel Sauerstoff verbrauchen und zudem das Wasser verschmutzen.

Allerdings gibt auch Moorkienholz oft noch Gerb- und Farbstoffe ab, die zwar für die Fische unschädlich sind, aber das Wasser manchmal bräunlich oder gelb verfärben. Daher sollte man

es vor dem Einbringen ins Aquarium einige Zeit wässern, um so den größten Teil dieser Stoffe zu entfernen, aber auch, um den Auftrieb zu verringern. Man kann die Holzdekoration vor der Verwendung aber auch auskochen, weil dadurch ebenfalls ein großer Teil der Luft entfernt wird, sodass sich die Holzstücke einfacher am Boden befestigen lassen.

Oberes Bild: Zahlreiche Fische wie dieser Rotbrust-Tüpfelbuntbarsch nutzen die Steine als Verstecke und auch zur Eiablage.

Unteres Bild: Antennenwelse benötigen Holz als Ballaststoff für ihre Verdauung.

Temperatur und pH-Wert

Unsere Zierfische stammen aus ganz verschiedenen Regionen der Erde, in denen auch die Bedingungen in den Gewässern naturgemäß recht unterschiedlich sein können. Damit in einem Aquarium nur Fische mit ähnlichen Ansprüchen zusammen gehalten werden, werden in der Aquarienlite-

orientieren kann, wenn man die Arten für ein neues Aquarium zusammenstellt. Dabei ist es normalerweise nicht so wichtig, ob die Wassertemperatur am oberen oder unteren Ende des Optimums liegt, aber wenn die Tiere ablaichen sollen, müssen die Temperaturen häufig in einem recht engen Bereich

Damit Zierfische gesund in einem Aquarium leben können, müssen Temperatur und pH-Wert möglichst optimal auf ihre Bedürfnisse abgestimmt sein.

ratur – und in diesem Buch – bei den einzelnen Arten die entsprechenden Wasserparameter angegeben, an denen man sich bei der Vergesellschaftung orientieren kann (S. 42-75).

Temperatur

Da die meisten im Handel angebotenen Zierfische aus tropischen oder subtropischen Regionen stammen, benötigen sie vergleichsweise hohe Temperaturen, sodass die Aquarien in der Regel mit einem Heizer ausgestattet werden müssen, der für gleichmäßig warmes Wasser sorgt (siehe S. 18). Normalerweise wird in der Literatur bei den einzelnen Fischen ein optimaler Temperaturbereich angegeben, an dem man sich

liegen. Bringen Sie in Ihrem Becken auf jeden Fall ein Thermometer an und machen Sie es sich zur Gewohnheit, die Temperatur regelmäßig zu kontrollieren, damit der Ausfall des Stabheizers oder ein Temperaturabfall aus anderen Gründen schnell bemerkt wird.

Der pH-Wert

Der pH-Wert drückt das Verhältnis der im Wasser gelösten Säuren und Basen aus. Angegeben wird er auf einer Skala, die von 0 bis 14 reicht, wobei neutrale Lösungen einen pH-Wert von 7,0 besitzen. Überwiegen die Säuren, ist der pH-Wert niedriger, bei einem Basenüberschuss erhöht er sich. Zu beachten ist, dass die pH-Skala logarithmisch aufgebaut ist. Daher bedeutet eine Veränderung des pH-Wertes um eine Einheit, beispielsweise von 7,0 auf 8,0, eine zehnfache Erhöhung der Konzentration von Wasserstoffionen, und bei pH 9,0 ist das Wasser sogar hundertmal alkalischer als bei einem Wert von 7,0. Daher ist es nicht verwunderlich, dass Änderungen des pH-Wertes dramatische Auswirkungen auf das Leben der Fische im Becken haben können. In Süßwasser liegt der pH-Wert normalerweise zwischen 5,5 und 8,5. Sind die Werte in einem Gewässer niedriger oder höher, ist es so lebensfeindlich, dass dort nur noch wenige Organismen existieren können.

Viele Zierfische, etwa Salmler, bevorzugen leicht saures Wasser, sodass es notwendig sein kann, den pH-Wert des verwendeten Leitungswassers zu verändern (Leitungswasser ist häufig nicht sauer, weil sonst die Leitungen beschädigt werden könnten). Eine Absenkung des pH-Wertes lässt sich durch handelsübliche Wasseraufbereitungsmittel erreichen (z.B. pH-minus) oder man filtert über Torf (siehe S. 17). Außerdem ver-

Tipp | Kalkhaltige Gesteine

Wasseraufbereitungsmittel zur Absenkung des pH-Wertes im Aquarium oder Essigessenz lassen sich benutzen, um herauszufinden, ob ein selbst gesammelter Stein Kalk enthält. Dazu gibt man einige Tropfen des Mittels auf das Gestein und beobachtet, ob es an der Stelle zu einer Schaumbildung kommt. Ist das der Fall, enthält der Stein Kalk.

Dieser Paradiesfisch fühlt sich, im Gegensatz zu vielen anderen Fischarten, bereits bei niedrigen Temperaturen ab 18 °C wohl.

Praxis | pH-Wert überwachen

Wie bereits erwähnt (siehe S. 10/11) hängen die Konzentrationen des gefährlichen Ammoniaks und des ungiftigen Ammoniums voneinander ab, wobei in Wasser mit einem neutralen oder saurem pH-Wert vergleichsweise wenig Ammoniak und viel Ammonium vorhanden ist. Steigt der pH-Wert des Wassers jedoch plötzlich stark an, etwa nach einem Wasserwechsel, verschiebt sich das Gleichgewicht manchmal schlagartig zu Ungunsten des ungefährlichen Ammoniums und die Ammoniakkonzentration wird so hoch, dass die Fische vergiftet werden. Daher ist es wichtig, den pH-Wert stets im Auge zu behalten.

ringert sich der pH-Wert zumeist durch den Einsatz eines CO_2-Düngesystems (siehe S. 26) oder durch die Wasseraufbereitung mit einer Umkehrosmoseanlage (siehe S. 25). Ist der pH-Wert zu niedrig, kann man Kohlendioxid durch stärkere Belüftung austreiben oder ebenfalls Wasseraufbereitungsmittel verwenden (z.B. pH-plus).

Sollten Sie zu solchen Maßnahmen greifen müssen, ist es wichtig, den pH-Wert eine Zeit lang regelmäßig zu kontrollieren, um zu überprüfen, ob die Veränderungen auch tatsächlich in der gewünschten Form abgelaufen sind. Dazu gibt es im Handel die bereits erwähnten Testsysteme, bei denen man einer Wasserprobe eine Indikatorlösung hinzufügt und den pH-Wert anhand der Farbänderung bestimmt, oder Teststreifen (siehe S. 24).

Wasserhärte

Die Wasserhärte ist ein beliebtes Diskussionsthema unter Aquarianern, auch wenn sie für das Wohlbefinden und die Gesundheit der meisten Fische keine so große Rolle spielt wie etwa der pH-Wert, wobei allerdings zu berücksichtigen ist, dass beide voneinander abhängen (siehe S. 17). Bei der Zucht von Zierfischen muss man für viele Arten allerdings auch in diesem Bereich für optimale Bedingungen sorgen. In der Aquaristikliteratur ist normalerweise die Gesamthärte (GH) angegeben, also der Gehalt an gelösten Erdalkalimetall-Ionen (hauptsächlich Kalzium- und zu einem geringeren Teil auch Magnesium-Ionen).

In der Natur wird die Gesamthärte in erster Linie vom Substrat beeinflusst, mit dem das Wasser in Berührung kommt, sodass Flüsse und Bäche in Kalk- oder Dolomitgebieten normalerweise hartes Wasser aufweisen, während es in Sandstein- oder Basaltgebieten zumeist weich ist. Daher haben verschiedene Zierfische auch unterschiedliche Ansprüche an die Wasserhärte im Aquarium.

Aber auch unser Leitungswasser kann in verschiedenen Regionen eine unterschiedliche Härte besitzen, sodass man vor dem Befüllen eines Aquariums eventuell Veränderungen vornehmen muss. Auskunft über die genauen Werte bekommt man normalerweise bei der für die Wasserversorgung zuständigen Behörde. Dabei werden Sie allerdings möglicherweise eine Angabe erhalten, mit der Sie im ersten Moment wenig anfangen können, denn als Maßeinheit für die Gesamthärte ist heute „Millimol pro Liter" (mmol/l) vorgeschrieben, während in der Aquaristikliteratur immer noch die Einheit °d (deutsche Grad) verwendet wird. Die Umrechnung ist allerdings sehr einfach, da 1 mmol/l = 5,6°d, bzw. 1°d = 0,179 mmol/l sind (siehe Tabelle).

Falls Sie bei der zuständigen Behörde keine Auskunft über die Wasserhärte bekommen, können Sie diese auch selbst bestimmen. Dazu benutzt man am einfachsten handelsübliche Testsysteme (siehe S. 24), bei denen man einer Wasserprobe einen Indikatorfarbstoff zugibt und mithilfe des Farbumschlags und einer entsprechenden Farbskala die Gesamthärte abliest.

In der Natur wird die Wasserhärte hauptsächlich vom jeweiligen Untergrund der Gewässer beeinflusst.

Sollte es notwendig sein, die Wasserhärte zu senken (z.B. bei der Haltung von Salmlern in Regionen mit sehr hartem Wasser), kann man das Leitungswasser mit destilliertem Wasser oder sauberem Regenwasser mischen, über Torf filtern (siehe S. 17), geeignete Wasseraufbereitungsmittel aus dem Fachhandel einsetzen oder ein spezielles Gerät zur Enthärtung verwenden (siehe Praxis).

Muss der Härtegrad erhöht werden, besteht die Möglichkeit, mit kalkhaltigen Steinen zu dekorieren oder über kalkhaltiges Material zu filtern. Außerdem gibt es im Handel entsprechende Wasseraufbereitungsmittel, mit denen man die Gesamthärte ebenfalls anheben kann. Werden solche Korrekturen durchgeführt, muss das Wasser anschließend aber unbedingt regelmäßig überprüft werden!

Härtestufe (Gesamthärte)	mmol/l	°d
Sehr weich	0-1	0-5
Weich	1-2	5-10
Mittelhart	2-3	10-16
Hart	3-4	16-25
Sehr hart	über 4	über 25

Fahnen-Kirschflecksalmler bevorzugen, genau wie die meisten ihrer Verwandten, weiches Wasser, sodass es notwendig sein kann, die ortsüblichen Wasserwerte zu modifizieren.

Praxis | Ionenaustauscher

Um Leitungswasser zu enthärten, kann man es durch sogenannte Ionenaustauscher laufen lassen, also durch mit einem Austauscherharz gefüllte Gefäße. Dabei werden die Kationen der häufigsten Härtebildner (Kalzium und Magnesium) durch an das Harz gebundene Wasserstoff- oder auch andere Ionen ausgetauscht, und es entsteht hauptsächlich Kohlensäure, die sich durch eine zusätzliche Belüftung des Wassers leicht austreiben lässt. Zwar ist diese Methode sehr effektiv, aber sie hat einen ganz entscheidenden Nachteil, denn das Austauscherharz muss regelmäßig mit Salzsäure, also einer nicht ungefährlichen Flüssigkeit, regeneriert werden. Dazu kommt, dass sich bei der Enthärtung mit Ionenaustauschern der pH-Wert zumeist deutlich verändert und daher später noch genau eingestellt werden muss. Aus diesem Grund benutzen die meisten Aquarianer heute zur Wasserenthärtung zumeist eine Umkehrosmoseanlage, bei der die unerwünschten Salze durch eine spezielle Membran zurückgehalten werden (siehe S. 25).

Beliebte Aquarienfische und Aquarienpflanzen

Kleine Fischkunde

Bekanntlich sind rund 70 % der Erdoberfläche ist von Wasser bedeckt, und es gibt nur sehr wenige Bereiche in diesem gewaltigen Lebensraum, in denen keine Fische leben. Wie man aus Fossilienfunden weiß, erschienen ihre ersten Vorläufer vor rund 450 Millionen Jahren auf der Erde, wobei diese Lebewesen allerdings noch wenig Ähnlichkeit mit den Fischen hatten, die wir heute in unseren Aquarien halten. Vielmehr handelte es sich um flossenlose Lebewesen mit einem gepanzerten Körper, die sich dadurch ernährten, dass sie Wasser in ihr rundes, kieferloses Maul einsaugten und dabei alles Fressbare herausfilterten. Aus diesen urzeitlichen Wasserbewohnern entstanden dann im Laufe von Jahrmillionen alle Fische, die heute in unseren Flüssen, Seen und Meeren leben. Insgesamt schätzt man die Zahl der Arten auf etwa 35 000, und

> **Info** | **Tastende Fische**
>
> Berührungsreize spielen bei Fischen normalerweise eine relativ geringe Rolle. Dennoch gibt es einige Fischgruppen, die sehr gut ausgebildete Tastorgane besitzen. Ein typisches Beispiel sind die fadenförmigen Bauchflossen einiger Labyrinthfische (siehe S. 64-67), mit denen die Tiere alle möglichen Gegenstände betasten, ein anderes die Barteln, mit denen sich beispielsweise viele Welse im Dunkeln orientieren oder mit denen sie den Untergrund nach Futter absuchen (siehe S. 72-75). Im letzteren Fall besteht eine enge Verbindung mit dem Geschmackssinn, denn die Barteln sind häufig auch noch mit zahlreichen Geschmacksrezeptoren ausgestattet.

viele von ihnen lassen sich auch im Aquarium halten.

Fische können zwar recht unterschiedlich aussehen, aber ihre Anatomie ist im Grunde immer gleich. Viele dieser anatomischen Merkmale sind bei Fischen und auf dem Land lebenden Tieren sehr ähnlich, aber es gibt auch eine Reihe von Besonderheiten, die Fische im Laufe der Jahrmillionen als ganz spezielle Anpassung an den Lebensraum Wasser entwickelt haben.

Welse, von denen viele am zumeist dunkleren Gewässerboden leben, finden ihr Futter mithilfe ihrer empfindlichen Barteln.

Bei diesen Messingbarben sind die einzelnen Schuppen gut zu erkennen.

Schuppen

Ein typisches Merkmal vieler Fische sind die Schuppen, also jene kleinen Knochenplatten, die von der Unterhaut der Tiere gebildet werden und in ihrer Gesamtheit als beweglicher Schutzpanzer dienen. Bedeckt sind diese Schuppen von einer Oberhaut, in der zahlreiche Drüsenzellen sitzen, die das schleimige Sekret erzeugen, das Fische so glitschig macht und dazu dient, die Ansiedlung von Bakterien und anderen Keimen auf dem Körper zu verhindern. Allerdings besitzen längst nicht alle Fische solche Schuppen. Ein Beispiel dafür sind die Panzerwelse, deren Körper durch verdickte, sich überlappende Knochenschilde geschützt ist, die dadurch entstehen, dass sich die Haut in Falten legt und anschließend verhärtet.

Flossen

Ein ebenfalls charakteristisches Merkmal der Fische sind die Flossen, denen wichtige Aufgaben bei der Fortbewegung im Wasser zukommen. So wirken die unpaaren, also einzeln vorhandenen, etwa auf der Körpermitte verlaufenden Rücken- und Afterflossen wie der Kiel eines Bootes – sie halten den Fisch also aufrecht im Wasser. Dagegen dienen die paarweise ausgebildeten (paarigen) Brust- und Bauchflossen hauptsächlich der Steuerung, während die besonders muskulöse Schwanzflosse bei den meisten Fischen für den Antrieb sorgt, indem sie den Körper mit kräftigen, seitlichen Schlägen nach vorn durchs Wasser drückt. Allerdings können einige der Flossen oft auch noch ganz spezielle Aufgaben haben. So fächeln vor allem Buntbarsche ihrem Gelege mithilfe der Brustflossen frisches und damit sauerstoffreicheres Wasser zu, während andere sie nutzen, um damit über den Boden zu kriechen, oder sie breiten sie flügelartig aus, um auf der Flucht vor Raubfischen eine kurze Strecke außerhalb des Wassers durch die Luft zu gleiten. Und auch die Bauchflossen können andere Funktionen übernehmen. So sind sie bei einigen Grundeln zu einem Saugnapf verwachsen, der zum Festhalten am Untergrund benutzt wird, damit eine starke Strömung die Fische nicht fortreißt, und die Weibchen bestimmter Panzerwelse bilden mit diesen Flossen eine Art Tasche, in der die Eier zur Befruchtung gesammelt werden. Allerdings sind nicht bei allen Fischarten immer alle Flossen vorhanden, wie es auch vorkommen kann, dass mehrere Flossen zu einem Flossensaum verwachsen und dann als Einzelflossen kaum noch zu erkennen sind. Normalerweise bestehen die Flossen der Fische aus beweglichen, knöchernen Flossenstrahlen, die durch eine dünne Haut miteinander verbunden sind. Speziell bei der Rückenflosse sind die Flossenstrahlen oft nicht nur besonders kräftig und spitz, sondern sie lassen sich außerdem auch noch feststellen, sodass sie als Schutz gegen potenzielle Fressfeinde dienen können, die an einer derart stachligen Beute schnell das Interesse verlieren.

Die Flossen der Fische haben ganz unterschiedliche Aufgaben und sind teils lang ausgezogen wie bei diesen Skalaren.

Außerdem gibt es Fische, bei denen die Flossenstrahlen sogar zu Giftstacheln umgewandelt sind, und einige Welse können mit ihrer Hilfe deutlich hörbare Töne erzeugen. Leider bleiben einige Arten mit ihren starren Flossenstrahlen aber auch leicht im Fangnetz hängen. Dann muss man sie sehr vorsichtig aus den Maschen befreien, weil die Tiere sonst leicht verletzt werden.

Atmung

Die meisten Fische entziehen den zum Leben benötigten Sauerstoff dem Wasser, in dem sie leben. Um das zu ermöglichen, besitzen sie hoch entwickelte, beiderseits des Kopfes hinter den Augen sitzende Atmungsorgane, die Kiemen. Diese sind aus mehreren Kiemenbögen aufgebaut, an deren Außenseite sich zahlreiche Kiemenblättchen befinden, also gut durchblutete Anhänge, die zudem stark aufgefaltet sind, um so für eine deutliche Vergrößerung der Oberfläche zu sorgen. Auf diese Weise ist eine optimale Aufnahme von Sauerstoff und Abgabe von Kohlendioxid gewährleistet. Und damit ständig frisches Wasser zur Verfügung steht, saugen die Fische dieses über das Maul ein, leiten es an den Kiemen vorbei und drücken es dann durch die schützenden Kiemendeckel wieder nach außen. Damit die Fische dem Wasser im Aquarium ausreichend Sauerstoff entnehmen können, muss das Becken stets gut durchlüftet sein. Ist das nicht der Fall, hängen die Fische – auch solche, die sonst vorwiegend in mittleren oder unteren Regionen zu finden sind – ständig an der Wasseroberfläche, weil die Sauerstoffkonzentration dort noch am höchsten ist. Beobachtet man ein solches Verhalten, muss man sofort Maßnahmen ergreifen, um den Sauerstoffgehalt des Wassers zu erhöhen, also einen teilweisen Wasserwechsel durchführen und die Wasseroberfläche durch den Filter stärker in Bewegung versetzen, weil dann mehr Sauerstoff in das Wasser diffundiert. Außerdem gilt es die Ursachen des Sauerstoffmangels zu ergründen und zu beseitigen. So kann möglicherweise die Wassertemperatur zu hoch sein (Temperatur und Sauerstoffgehalt des Wassers hängen voneinander ab) oder es finden sauerstoffzehrende Fäulnisprozesse im Becken statt. Manchmal ist allerdings auch eine starke Änderung des pH-Wertes dafür verantwortlich, wenn fast alle Fische an der Oberfläche hängen, sodass Sie diesen ebenfalls überprüfen sollten. Einige Arten, vor allem solche, die den größten Teil des Jahres in sauerstoffarmen Gewässern leben, können Sauerstoff aus der Luft aufnehmen. Bei bestimmten Schmerlen und Welsen geschieht das mithilfe des Darms. Dazu schwimmen die Fische an die Wasseroberfläche und verschlucken dort Luft, die später über den After wieder abgegeben wird. Zuvor entziehen die Fische der Luft über die Schleimhaut des Enddarms den benötigten Sauerstoff und geben gleichzeitig Kohlendioxid aus dem Blutkreislauf ab. Eine noch höher entwickelte Form der Aufnahme von atmosphärischem Sauerstoff, die sogenannte Labyrinthatmung, findet man bei den Labyrinthfischen (siehe S. 64). Diese besitzen ein in der Kiemen-

Die meisten Fische versorgen sich über ihre Kiemen mit Sauerstoff aus dem Wasser, aber es gibt auch Arten wie diesen Paradiesfisch, die Luftsauerstoff verwerten können.

höhle liegendes, aus vielfach verzweigten und stark durchbluteten Lamellen aufgebautes Organ, das sogenannte „Labyrinth", mit dem sie der Luft, die sie mit dem Maul aufnehmen, Sauerstoff entziehen können.

Die Schwimmblase

Ein sehr ungewöhnliches Organ, das man nur bei Fischen findet, ist die Schwimmblase. Dabei handelt es sich um eine Aussackung des Darms, die mit einem Gemisch aus Sauerstoff, Stickstoff und Kohlendioxid gefüllt ist und es den Tieren ermöglicht, ihre Position im Wasser zu halten, ohne dass dazu größere Schwimmbewegungen notwendig wären. Auf diese Weise lässt sich also verhindern, dass die Fische ständig auf den Boden herabsinken oder an die Oberfläche treiben. Möglich wird dieses „Schweben" dadurch, dass die Schwimmblase – zumeist über den Blutkreislauf und den Darm sowie einen weiteren speziellen Luftkanal – mit Gas gefüllt bzw. geleert wird, um sie an die jeweilige Wasserdichte anzupassen. Bei einigen Arten kann die Schwimmblase bis zu einem Drittel des Körpers einnehmen, bei Bodenfischen, die ja kaum Auftrieb benötigen, ist sie eher klein und bei einigen Arten fehlt sie ganz.

Seitenliniensystem

Das Seitenliniensystem, mit dessen Hilfe sich Fische während der Dunkelheit oder in trüben und dunklen Gewässern orientieren können, stellt eine weitere Besonderheit vieler Arten dar. Das Organ besteht aus einem in der Oberhaut verlaufenden Längskanal, der über zahlreiche kleine Poren mit der Außenwelt verbunden ist und in

Welse, von denen die meisten am sauerstoffarmen Gewässerboden leben, verfügen oft über eine zusätzliche Darmatmung.

Bei vielen Zierfischen ist das Seitenlinienorgan als feine Linie auf der Flanke deutlich zu erkennen.

dem unzählige Sinnesknospen sitzen, die selbst feinste Druckveränderungen im Wasser registrieren und dann an das Gehirn weitermelden. So kann ein Fisch beispielsweise ein Hindernis erkennen, weil von seinen Flossen erzeugte Druckwellen zurückgeworfen werden. Aber auch ein Angreifer, der sich von hinten nähert, wird mithilfe dieses Organs oft rechtzeitig wahrgenommen, ebenso wie das Vorhandensein einer Beute, die sich irgendwo in der Nähe bewegt.
Bei vielen Arten sind die Poren des Organs mit bloßen Augen auf den Flanken zu erkennen, wobei auffällt, dass der Verlauf der Linie nicht unbedingt einheitlich sein muss. So zeigt sie bei manchen Fischen eine starke Ausbuchtung nach oben, was durchaus sinnvoll ist, weil auf diese Weise verhindert wird, dass die Tiere störende Druckwellen registrieren, die von ihren eigenen Brustflossen erzeugt werden.

Färbung

Die faszinierende Färbung und oft auch ungewöhnliche Zeichnung vieler Zierfische hat in den meisten Fällen einen durchaus praktischen Hintergrund. So dient sie häufig der Tarnung, denn viele der im Aquarium so auffällig wirkenden Fische sind in ihrem natürlichen Lebensraum perfekt an ihre Umgebung angepasst, weil beispielsweise die Zeichnung hilft, die Konturen der Tiere aufzulösen. So haben Fische, die sich gern zwischen Schilf oder anderen schmalblättrigen

Körperform und Maul

Die Körperform von Fischen lässt in vielen Fällen bereits Rückschlüsse auf den angestammten Lebensraum und nicht selten auch auf die Art des Nahrungserwerbs zu. So sind sehr aktive Arten häufig stromlinienförmig gebaut, damit ihr Körper dem Wasser, das bekanntlich eine größere Dichte als die Luft besitzt, möglichst wenig Widerstand entgegengesetzt, und sie so weniger Energie für die Fortbewegung benötigen. Besonders gilt das für viele

Linkes Bild: Das unterständige Maul der Welse deutet auf ihre Nahrungssuche am Boden hin.

Rechtes Bild: Fische der mittleren Wasserzonen, z. B. Kardinalfische, haben meist ein endständiges Maul.

Pflanzen aufhalten, oft Querstreifen, weil sie dadurch besser getarnt sind. Viele am Boden lebende Welse besitzen dagegen eine recht unauffällige graue oder braune Färbung, die es ihnen ermöglicht, mit dem jeweiligen Untergrund zu verschmelzen.
Allerdings sind Färbung und Zeichnung nicht in jedem Fall unveränderliche Kennzeichen, denn viele Fische können ihre Farben oder ihre Körperzeichnung verändern. So haben beispielsweise viele Männchen zur Paarungszeit ein besonders farbenprächtiges Aussehen, um damit laichbereite Weibchen anzulocken oder auch Rivalen fernzuhalten. Bei anderen Arten verändert sich die Färbung dagegen im Tag-Nacht-Rhythmus, weil sie dadurch in der Dunkelheit besser getarnt sind.

Raubfische, bei denen der Erfolg bei der Jagd nicht zuletzt davon abhängt, wie schnell sie sich einer Beute nähern können.
Arten mit hohem, seitlich zusammengedrücktem Körper, etwa Skalare (siehe S. 63), findet man dagegen zumeist in ruhigen Uferzonen, wo sie langsam zwischen Pflanzen umherschwimmen, was ihnen durch ihre ungewöhnliche Körperform erleichtert wird. Bodenfische haben in vielen Fällen eine abgeplattete Unterseite, damit sie sich dicht am Untergrund aufhalten können und somit auch in schnell fließenden Gewässern nicht abgetrieben werden, während man bei Oberflächenfischen häufig eine gerade Rückenpartie findet, weil es ihnen so möglich ist, sich der Wasseroberflä-

che, wo die Tiere hauptsächlich auf Nahrungssuche sind, möglichst dicht anzunähern.

In vielen Fällen kann man aber auch vom Maul eines Fisches auf seine bevorzugte Nahrung schließen. So nehmen Fische mit einem oberständigen, also nach oben gerichteten Maul ihr Futter hauptsächlich von der Wasseroberfläche auf, während ein nach unten weisendes (unterständiges) Maul auf eine bodenständige Lebensweise hindeutet.

Dagegen haben Fische der mittleren Wasserregionen normalerweise ein endständiges, also nach vorn gerichtetes Maul. Außerdem gibt es noch sehr spezielle, stark abgewandelte Formen, etwa das Saugmaul einiger Welse. Dieses dient nicht nur dazu, sich am Untergrund festzusaugen, um ein Abtreiben durch die Strömung zu verhindern, sondern es weist häufig auch noch zahlreiche Raspelzähne auf, mit denen die Tiere unermüdlich Algen von Steinen und Holz (aber auch den Aquarienscheiben) „abgrasen".

> **Info**   **Schillernde Fische**
>
> Für die Farben der Fische sind normalerweise spezielle, in der Unterhaut liegende Zellen mit verschiedenfarbigen Pigmentkörnchen verantwortlich, deren Ansammlung an einer Stelle für eine bestimmte Färbung oder Zeichnung sorgt. Der Silberglanz vieler Fische kommt dagegen dadurch zustande, dass Produkte aus dem Stickstoffstoffwechsel in Form winziger Guaninkristalle in der Haut abgelagert werden.

Lebenserwartung

Zwar gibt es bei den meisten Zierfischen keine genauen Angaben über die jeweilige Lebenserwartung, aber doch einige Richtwerte, mit deren Hilfe man zumindest grob überschlagen kann, wie lange man sich voraussichtlich an seinen Pfleglingen erfreuen kann. Generell lässt sich sagen, dass größere Arten normalerweise eine höhere Lebenserwartung haben; außerdem leben Fische im Aquarium zumeist deutlich länger als in der Natur.

Durchschnittliche Lebenserwartung von Zierfischen im Aquarium
Barben und Bärblinge
bis 4 Jahre
Buntbarsche
10 bis 15 Jahre
Labyrinthfische
2 bis 5 Jahre
Lebendgebärende Zahnkarpfen
2 bis 5 Jahre
Panzerwelse
7 bis 15 Jahre
Salmler
kleine Arten 4-6 Jahre
große Arten bis 7 Jahre
Schmerlen
bis 10 Jahre

Am oberständigen Maul dieser Schmetterlingsfische lässt sich leicht erkennen, dass die Tiere vorzugsweise in Nähe der Wasseroberfläche auf Nahrungssuche sind.

Salmler

Salmler, die man in der Familie Characidae zusammenfasst, gehören schon seit Jahrzehnten zu den beliebtesten Aquarienfischen. Es gibt mehr als 1000 Arten, von denen die überwiegende Mehrzahl in Südamerika heimisch ist. Die meisten sind kleine, aber sehr farbenprächtige Fische, die zudem pflegeleicht sind und sich daher gut im Aquarium halten lassen. Daneben gibt es aber auch sehr große Arten, etwa den in Afrika vorkommenden Hechtsalmler (*Hydrocynus goliath*), der bis zu 150 cm lang und 50 kg schwer werden kann und daher in seiner Heimat ein beliebter Speisefisch ist. Und auch die berüchtigten Piranhas gehören zu den Salmlern. Sie erreichen zwar nur eine Größe von 30-35 cm, treten dafür aber in oft riesigen Schwärmen auf und können dann ein verletztes Säugetier, das mit einer offenen Wunde ins Wasser gerät, innerhalb kurzer Zeit bis auf die Knochen abnagen.

Erkennen lassen sich die meisten Salmler an einer zusätzlichen, zwischen Rücken- und Schwanzflosse sitzenden fleischigen Fettflosse, deren genaue Funktion, so sie denn eine hat, man noch nicht kennt. In ihrem natürlichen Lebensraum ernähren sich die meisten Arten hauptsächlich von Insektenlarven und anderen kleinen Wassertieren; es gibt aber auch Salmler, die ausschließlich Pflanzen fressen. Im Aquarium nehmen fast alle Mitglieder dieser Familie herkömmliches Lebend-, Gefrier- und Flockenfutter; das Wasser sollte weich, leicht sauer und sauerstoffreich sein.

Anhand der oft auffälligen Färbung oder Zeichnung, die der gegenseitigen Erkennung und dem Zusammenhalt dient, lässt sich bereits erahnen, dass die meisten Salmler Schwarmfische sind. Daher sollte man sie auch stets in Gruppen halten, denn einzelne Exemplare erreichen niemals die optische Wirkung eines Schwarms, ganz abgesehen davon, dass Einzeltiere häufig unverträglich werden oder kümmern.

Neonsalmler sind Schwarmfische, die sich nur in der Gruppe wohl fühlen.

Rotflossensalmler
(Aphyocharax anisitsi)
Familie Characidae (Echte Salmler)
Verbreitung Südamerika. Nur im Rio
Paraná und seinen Nebenflüssen im
Nordwesten Argentiniens.
Länge 5,5 cm
Geschlechtsunterschiede Die zumeist
etwas schlankeren Männchen haben
kleine Widerhaken an den vorderen
Afterflossenstrahlen (auch daran zu
erkennen, dass sie leicht im Fangnetz
hängenbleiben).
Haltung Wie bei den meisten Salmlern sollte man auch von dieser Art
unbedingt einen Schwarm in einem
gut bepflanzten Becken halten, in dem
es aber auch noch ausreichend freien
Schwimmraum geben muss. Damit
die hübschen Farben gut zur Geltung
kommen, stattet man das Becken mit
einem nicht zu hellen Bodengrund aus
und sorgt außerdem für einige schattige Bereiche. Als Nahrung kann feines
Lebend-, Gefrier- und Trockenfutter
dienen. **Temperatur** 21-26 °C. **pH-Wert**
6,5-7,5. **Härtegrad** 5-15°dGH. **Wasserregion** mittlere und obere Bereiche.
Vergesellschaftung Mit anderen Salmlern, Panzerwelsen und Zwergbuntbarschen in einem Südamerikabecken
(siehe S. 96) oder friedlichen Arten mit
ähnlichen Ansprüchen, etwa Barben
und Bärblinge, in einem Gesellschaftsaquarium (siehe S. 88).
Fortpflanzung Freilaicher

Trauermantelsalmler
(Gymnocorymbus ternetzi)
Familie Characidae (Echte Salmler)
Verbreitung Südamerika. Die Art
stammt aus dem Einzugsbereich des
Rio Paraguay und Rio Guaporé sowie
der Matto-Grosso-Region in Brasilien.
Länge 5,5 cm
Geschlechtsunterschiede Die etwas
schlankeren Männchen haben eine
deutlich breitere After- und eine spitzer
zulaufende Rückenflosse. Neben der
Wildform findet man inzwischen oft
auch Zuchtformen mit länger ausgezogenen Flossen im Handel.
Haltung Die recht anspruchslose Art
benötigt ein teilweise dicht bepflanztes
Becken mit ausreichend Versteckmöglichkeiten. Als Nahrung eignet sich
handelsübliches Lebend-, Gefrier- und
Trockenfutter. **Temperatur** 20-26 °C.
pH-Wert 6,0-7,5. **Härtegrad** 5-20°dGH.
Wasserregion mittlere Bereiche.
Vergesellschaftung Mit anderen Salmlern, Panzerwelsen oder Zwergbuntbarschen in einem Südamerikabecken
(siehe S. 96) oder friedlichen Arten
aus anderen Regionen mit ähnlichen
Ansprüchen in einem Gesellschaftsaquarium (siehe S. 88).
Fortpflanzung Freilaicher
Sonstiges Leider verblassen die anfangs kräftigen Farben mit zunehmen-
dem Alter.

Rotflossensalmler

Trauermantelsalmler

Kupfersalmler

Glühlichtsalmler

Kupfersalmler
(Hasemania nana)
Familie Characidae (Echte Salmler)
Verbreitung Südamerika. Kupfersalmler findet man in kleinen Fließgewässern im Süden und Osten Brasiliens.
Länge 5 cm
Geschlechtsunterschiede Bei den etwas schlankeren und kräftiger gefärbten Männchen ist die Spitze der Afterflosse weiß, bei den Weibchen gelb.
Haltung Ein Schwarm dieser attraktiven Art kann in einem teilweise dicht bepflanzten Becken gehalten werden, in dem aber unbedingt auch noch ausreichend freier Schwimmraum vorhanden sein muss. Wenn schattige Bereiche und dunkler Bodengrund vorhanden sind, kommt die hübsche, kupferfarbene Färbung besser zur Geltung. Als Nahrung kann feines Lebend-, Gefrier- und Trockenfutter dienen. **Temperatur** 22-27 °C. **pH-Wert** 6,5-7,5. **Härtegrad** 5-15°dGH. **Wasserregion** mittlere Bereiche.

Vergesellschaftung Mit Salmlern, Panzerwelsen und Zwergbuntbarschen in einem Südamerikabecken (siehe S. 96) oder friedlichen Arten aus anderen Regionen, die ähnliche Ansprüche haben, in einem herkömmlichen Gesellschaftsaquarium (siehe S. 88).
Fortpflanzung Freilaicher
Sonstiges Die Art wird leicht übersehen, weil die Tiere im Händlerbecken zumeist etwas blass und unscheinbar wirken. Dies ändert sich bei guten Bedingungen im heimischen Aquarium aber schnell.

Glühlichtsalmler
(Hemigrammus erythrozonus)
Familie Characidae (Echte Salmler)
Verbreitung Südamerika. Die Art kommt ausschließlich in schattigen Fließgewässern im Einzugsbereich des Rio Essequibo in Guyana vor.
Länge 4 cm
Geschlechtsunterschiede Die Männchen sind oft ein wenig kleiner und wirken außerdem etwas schlanker, vor allem zur Laichzeit.
Haltung Die ruhige Art hält man am besten in einem größeren Schwarm in einem teilweise dicht bepflanzten, nicht zu hellen Becken mit dunklem Bodengrund, in dem die Färbung der Tiere besonders gut zur Geltung kommt. Als Nahrung kann feines Lebend-, Gefrier- und Trockenfutter angeboten werden. **Temperatur** 22-27 °C. **pH-Wert** 6,0-7,5. **Härtegrad** 3-15°dGH. **Wasserregion** mittlere und obere Bereiche.
Vergesellschaftung Mit Salmlern, Panzerwelsen oder Zwergbuntbarschen in einem Südamerikabecken (siehe S. 96) oder friedlichen, nicht zu großen Arten aus anderen Regionen, die ähnliche Ansprüche haben, in einem herkömmlichen Gesellschaftsaquarium (siehe S. 88).
Fortpflanzung Freilaicher

Schlusslichtsalmler
(Hemigrammus ocellifer)
Familie Characidae (Echte Salmler)
Verbreitung Südamerika. Diese beliebten Salmler kommen in langsam fließenden oder stehenden Gewässern im Amazonasgebiet und in den Guayanaländern vor.
Länge 5 cm
Geschlechtsunterschiede Die Männchen sind zumeist etwas kleiner, dafür aber kräftiger gefärbt; außerdem ist die durch den Körper sichtbare Schwimmblase bei den Männchen spitz und nicht abgerundet wie bei den Weibchen.
Haltung Die Art sollte man unbedingt als Schwarm in einem teilweise dicht bepflanzten, nicht zu hellen Becken halten, weil die Färbung dann besser zur Geltung kommt. Als Nahrung kann Lebend-, Gefrier- und Trockenfutter angeboten werden. **Temperatur** 22-28 °C. **pH-Wert** 6,0-7,5. **Härtegrad** 5-20°dGH. **Wasserregion** mittlere Bereiche.
Vergesellschaftung Mit anderen Salmlern, Panzerwelsen und Zwergbuntbarschen in einem Südamerikabecken (siehe S. 96) oder friedlichen Arten aus anderen Regionen, die ähnliche Ansprüche haben, in einem herkömmlichen Gesellschaftsaquarium (siehe S. 88).
Fortpflanzung Freilaicher

Blutsalmler

Blutsalmler
(Hyphessobrycon eques)
Familie Characidae (Echte Salmler)
Verbreitung Südamerika. Die Art bewohnt ruhige, dicht bewachsene Gewässer im Einzugsbereich des Rio Guaporé und Rio Paraguay sowie im südlichen Amazonasbecken.
Länge 4 cm
Geschlechtsunterschiede Die Männchen wirken – vor allem zur Laichzeit – etwas schlanker, außerdem haben sie oft eine etwas größere Rückenflosse.
Haltung Auch diese Salmler sollte man unbedingt im Schwarm halten. Geeignet sind Becken mit teilweise dichtem Pflanzenwuchs und zudem schattigen Bereichen. Als Nahrung kann feines Lebend-, Gefrier- und Trockenfutter angeboten werden. **Temperatur** 22-28 °C. **pH-Wert** 6,0-7,5. **Härtegrad** 5-20°dGH. **Wasserregion** mittlere Bereiche.
Vergesellschaftung Mit etwas robusteren Salmlern, aber auch Panzerwelsen und Zwergbuntbarschen in einem Südamerikabecken (siehe S. 96) oder nicht zu empfindlichen Arten aus anderen Regionen mit ähnlichen Ansprüchen in einem herkömmlichen Gesellschaftsaquarium (siehe S. 88).
Fortpflanzung Freilaicher
Sonstiges Die Art ist nicht ganz so verträglich wie viele andere Salmler ähnlicher Größe.

Schlusslichtsalmler

Roter von Rio
(Hyphessobrycon flammeus)

Familie Characidae (Echte Salmler)
Verbreitung Südamerika. Diese Salmler kommen nur in Fließgewässern in der Umgebung von Rio de Janeiro vor, was auch den umgangssprachlichen Namen erklärt.
Länge 4,5 cm
Geschlechtsunterschiede Wenn die Tiere unter optimalen Bedingungen leben, erkennt man die Männchen an ihrer roten, schwarz gesäumten Afterflosse.
Haltung Diese Schwarmfische hält man am besten in einem Becken mit schattigen Bereichen und dunklem Bodengrund, weil die Färbung dann besser zur Geltung kommt. Als Nahrung eignet sich feines Lebend-, Gefrier- und Trockenfutter. **Temperatur** 22-27 °C. **pH-Wert** 6,0-7,5. **Härtegrad** 3-20°dGH. **Wasserregion** mittlere Bereiche.
Vergesellschaftung Mit kleineren Salmlern, Panzerwelsen und Zwergbuntbarschen in einem Südamerikabecken (siehe S. 96) oder friedlichen Arten aus anderen Regionen, die ähnliche Ansprüche haben, in einem herkömmlichen Gesellschaftsaquarium (siehe S. 88).
Fortpflanzung Freilaicher
Sonstiges Die Art zeigt im Händlerbecken oft nicht ihre optimale Färbung.

Roter Neon
(Paracheirodon axelrodi)

Familie Characidae (Echte Salmler)
Verbreitung Südamerika. Diese beliebten Zierfische kommen in ruhigen, stark verkrauteten Gewässern in Venezuela, Brasilien und Kolumbien vor.
Länge 5 cm
Geschlechtsunterschiede Die Männchen sind oft etwas schlanker, vor allem zur Laichzeit. Vom ähnlichen Neonsalmler (*Paracheirodon innesi*, nächste Seite) unterscheidet sich diese Art durch die größeren roten Bereiche.
Haltung Die friedliche Art, die in einem großen Schwarm besonders attraktiv wirkt, benötigt ein teilweise dicht bepflanztes Becken mit schattigen Bereichen, damit die Färbung besser zur Geltung kommt. Als Nahrung eignet sich feines Lebend-, Gefrier- und Trockenfutter. **Temperatur** 23-27 °C. **pH-Wert** 5,5-6,5. **Härtegrad** 3-10°dGH. **Wasserregion** mittlere Bereiche.
Vergesellschaftung Mit kleineren Salmlern, Panzerwelsen oder Zwergbuntbarschen in einem Südamerikabecken (siehe S. 96) oder friedlichen Arten aus anderen Regionen, die ähnliche Ansprüche haben, in einem herkömmlichen Gesellschaftsaquarium (siehe S. 88).
Fortpflanzung Freilaicher

Neonsalmler
(Paracheirodon innesi)

Familie Characidae (Echte Salmler)
Verbreitung Südamerika. Diese beliebten Salmler bewohnen vor allem kleine Fließgewässer im peruanischen Amazonasgebiet.
Länge 4 cm
Geschlechtsunterschiede Bei den oft etwas schlanker wirkenden Männchen sind die blauen Längsbinden auf den Flanken gerade, während die der Weibchen einen Knick aufweisen. Beim ähnlichen, aber etwas größeren Roten Neon (*Paracheirodon axelrodi*, vorherige Seite) sind die rötlichen Bereiche deutlich größer.
Haltung Auch von dieser Art sollte man unbedingt einen größeren Schwarm halten, weil die ungewöhnliche Färbung nur dann richtig zur Geltung kommt. Das Becken sollte einen dunklen Bodengrund besitzen und schattige Bereiche aufweisen. Zur Ernährung kann feines Lebend-, Gefrier- und Trockenfutter angeboten werden. **Temperatur** 22-27 °C. **pH-Wert** 5,5-7,5. **Härtegrad** 3-15°dGH. **Wasserregion** mittlere Bereiche.
Vergesellschaftung Mit kleineren Salmlern, Panzerwelsen oder Zwergbuntbarschen in einem Südamerikabecken (siehe S. 96), aber auch friedlichen Arten aus anderen Regionen, die ähnliche Ansprüche haben, in einem herkömmlichen Gesellschaftsaquarium (siehe S. 88). Die kleine Art wird von größeren Fischen, etwa Skalaren, manchmal als Beute betrachtet und daher verfolgt.
Fortpflanzung Freilaicher

Rotmaulsalmler
(Petitella georgiae)

Familie Characidae (Echte Salmler)
Verbreitung Südamerika. Die Art kommt vor allem im peruanischen Amazonasgebiet und im Einzugsbe-

Neonsalmer

Rotmaulsalmler

reich des Rio Branco in Brasilien vor, wo man die Fische hauptsächlich in ruhigen Flachwasserbereichen findet.
Länge 5 cm
Geschlechtsunterschiede Die Geschlechter sind nur schwer zu unterscheiden. Manchmal wirkt die Schwanzflosse bei den Männchen etwas kräftiger gefärbt.
Haltung Diese Schwarmfische, von denen man am besten eine nicht zu kleine Gruppe hält, sollten ein teilweise dicht bepflanztes Becken mit schattigen Bereichen bekommen. Zur Ernährung eignet sich feines Lebend-, Gefrier- und Trockenfutter. **Temperatur** 22-26 °C. **pH-Wert** 6,0-7,0. **Härtegrad** 5-15°dGH. **Wasserregion** mittlere Bereiche.
Vergesellschaftung Mit kleineren Salmlern, Panzerwelsen oder Zwergbuntbarschen in einem Südamerikabecken (siehe S. 96) oder mit friedlichen Arten aus anderen Regionen, die ähnliche Bedingungen bevorzugen, in einem herkömmlichen Gesellschaftsaquarium (siehe S. 88).
Fortpflanzung Freilaicher

Karpfenartige

Zur großen Gruppe der Karpfenartigen (Ordnung Cypriniformes) gehören mehr als 3000 Arten, die mit Ausnahme von Südamerika, Madagaskar und Australien fast überall auf der Erde vorkommen und dort die unterschiedlichsten Gewässer besiedeln. Die kleinsten Vertreter erreichen gerade einmal eine Größe von 12 mm, während andere über 2 m lang werden können. Unter den größeren Arten gibt es eine Reihe von Nutzfischen, darunter den auch bei uns häufig in Teichen gehaltenen Karpfen (*Cyprinus carpio*).

Zu den besonders beliebten Zierfischen unter den Karpfenartigen gehören die Barben und Bärblinge (Familie Cyprinidae), die ausschließlich in der alten Welt vorkommen, wobei der Schwerpunkt ihrer Verbreitung in Asien liegt. Bei den Mitgliedern beider Gruppen handelt es sich um recht genügsame Fische, von denen sich die meisten problemlos mit handelsüblichem Futter ernähren lassen. Und weil fast alle die Nähe von Artgenossen bevorzugen, sollte man stets eine Gruppe halten, wobei sich Bärblinge vorzugsweise in mittleren und oberen Wasserregionen aufhalten, während Barben mittlere und untere Beckenregionen vorziehen. Beim Kauf von Barben darf man sich nicht vom manchmal etwas blassen Aussehen der Tiere im Händlerbecken abschrecken lassen, denn zahlreiche Arten erreichen ihre optimale Färbung erst relativ spät. Ein Beispiel dafür sind Purpurkopfbarben (*Puntius nigrofasciatus*, siehe S. 50), die sich erst im Alter von zwei Jahren, also mit Erreichen der Geschlechtsreife, ausfärben. Da im Handel fast ausschließlich Jungtiere angeboten werden, wird man kaum ausgefärbte Fische bekommen. Ebenfalls zur Ordnung Cypriniformes gehören die Schmerlen und Dorngrundeln (Familie Cobitidae), von denen einige Arten ebenfalls regelmäßig im Zoofachhandel angeboten werden. Einer der beliebtesten Vertreter aus dieser Gruppe, zu der etwa 100 Arten gehören, ist die hübsche Prachtschmerle (*Botia macracanthus*, siehe S. 53), die im Aquarium viele Jahre alt werden kann.

Von der Sumatrabarbe gibt es unterschiedlich gefärbte Zuchtformen.

Zebrabärbling
(Danio rerio)

Familie Cyprinidae (Karpfenfische)
Verbreitung Asien. Diese weitverbreitete Art kommt sowohl in Pakistan, Indien und Bangladesch als auch in Nepal und Birma vor, wo die Tiere die unterschiedlichsten Gewässer bewohnen.
Länge 6 cm
Geschlechtsunterschiede Die Männchen sind etwas kleiner, schlanker und häufig auch ein wenig kräftiger gefärbt.
Haltung Für die Haltung wird ein nicht zu helles, teilweise dicht bepflanztes Becken empfohlen, in dem aber auch noch ausreichend freier Schwimmraum für die sehr aktiven Fische vorhanden sein muss und das eine spürbare Strömung aufweisen sollte. Als Nahrung eignet sich feines Lebend-, Gefrier- und Trockenfutter. **Temperatur** 20-27 °C. **pH-Wert** 6,5-7,0. **Härtegrad** 5-15°dGH. **Wasserregion** obere und mittlere Bereiche.
Vergesellschaftung Mit friedlichen Barben und Bärblingen oder Schmerlen in einem Asienbecken (siehe S. 100) oder mit südamerikanischen Salmlern, Zwergbuntbarschen und Welsen mit ähnlichen Ansprüchen in einem Gesellschaftsaquarium (siehe S. 88).
Fortpflanzung Freilaicher
Sonstiges Neben dem Wildtyp gibt es inzwischen auch eine Reihe von Zuchtformen, darunter eine goldgelbe Variante, aber auch Tiere mit stark verlängerten Flossen.

Rotstreifenbärbling
(Rasbora pauciperforata)

Familie Cyprinidae (Karpfenfische)
Verbreitung Asien. Die auch Glühlichtbärbling genannte Art kommt in Thailand, Kambodscha, Malaysia und Teilen Indonesiens vor.
Länge 7 cm
Geschlechtsunterschiede Typisch für diese Bärblinge ist die leuchtend purpurrote Längsbinde, die bei den etwas fülligeren Weibchen oft ein wenig gekrümmt erscheint, vor allem zur Laichzeit.
Haltung Die geselligen Fische, von denen man stets eine Gruppe halten sollte, kommen in einem bepflanzten, nicht zu hellen Becken mit dunklem Bodengrund am besten zur Geltung. Als Nahrung eignet sich Lebend-, Gefrier- und Trockenfutter. **Temperatur** 24-28 °C. **pH-Wert** 5,5-6,5. **Härtegrad** 3-10°dGH. **Wasserregion** obere und mittlere Bereiche.
Vergesellschaftung Mit friedlichen Barben und Bärblingen oder Schmerlen in einem Asienbecken (siehe S. 100) oder mit südamerikanischen Salmlern, Zwergbuntbarschen und Welsen, die ähnliche Ansprüche haben, in einem herkömmlichen Gesellschaftsaquarium (siehe S. 88).
Fortpflanzung Freilaicher
Sonstiges Die Art ähnelt dem südamerikanischen Glühlichtsalmler (*Hemigrammus erythrozonus*, siehe S. 44), ist aber deutlich größer.

Keilfleckbärbling
(Trigonostigma heteromorpha)
Familie Cyprinidae (Karpfenfische)
Verbreitung Asien. Diese Art ist in Malaysia, Thailand und Teilen Indonesiens heimisch.
Länge 4,5 cm
Geschlechtsunterschiede Bei den etwas schlankeren Männchen ist der vordere Rand des keilförmigen Flecks gerade abgeschnitten und der untere Teil spitzer ausgezogen als bei den Weibchen.
Haltung Die friedlichen Bärblinge kommen in einer größeren Gruppe am besten zur Geltung. Empfehlenswert ist ein nicht zu helles Aquarium mit dunklem Bodengrund; als Nahrung kann feines Lebend-, Gefrier- und Trockenfutter angeboten werden. **Temperatur** 22-26 °C. **pH-Wert** 6,0-7,0. **Härtegrad** 5-15°dGH.. **Wasserregion** obere und mittlere Bereiche.
Vergesellschaftung Mit friedlichen Barben und Bärblingen oder Schmerlen in einem Asienbecken (siehe S. 100) oder mit südamerikanischen Salmlern, Zwergbuntbarschen und Welsen, die ähnliche Ansprüche haben, in einem herkömmlichen Gesellschaftsaquarium (siehe S. 88).
Fortpflanzung Haftlaicher
Sonstiges Da sich Bärblinge überwiegend in den mittleren bis oberen Wasserzonen aufhalten, lassen sie sich besser mit Barben und Schmerlen vergesellschaften als mit Labyrinthfischen, die ebenfalls die oberen Beckenbereiche bevorzugen.

Purpurkopfbarbe
(Puntius nigrofasciatus)
Familie Cyprinidae (Karpfenfische)
Verbreitung Asien. Die Art kommt ausschließlich in Bächen im Hochland von Sri Lanka vor.
Länge 6,5 cm
Geschlechtsunterschiede Der gesamte Vorderkörper der größeren Männchen verfärbt sich während der Laichzeit prächtig rot.
Haltung Die lebhaften Barben sollte man als Gruppe in einem nicht zu kleinen, am Rand dicht bepflanzten Becken mit zumindest teilweise weichem Bodengrund und schattigen Bereichen halten. Als Nahrung eignet sich feines Lebend-, Gefrier- und Trockenfutter. **Temperatur** 22-26 °C. **pH-Wert** 6,0-7,5. **Härtegrad** 5-15°dGH. **Wasserregion** untere und mittlere Bereiche.
Vergesellschaftung Mit anderen Barben oder auch Bärblingen bzw. Labyrinthfischen in einem Asienbecken (siehe S. 100) oder nicht zu kleinen südamerikanischen Salmlern in einem herkömmlichen Gesellschaftsaquarium (siehe S. 88).
Fortpflanzung Freilaicher

Eilandbarbe
(Puntius oligolepis)

Familie Cyprinidae (Karpfenfische)
Verbreitung Asien. Die beliebte Art
stammt aus Sumatra, wo man sie in Bächen oder kleinen Flüssen, manchmal
auch in stehenden Gewässern findet.
Länge 6 cm
Geschlechtsunterschiede Die Männchen lassen sich an den roten, dunkel
gesäumten Flossen erkennen.
Haltung Es handelt sich um eine sehr
lebhafte Art, die man stets als Gruppe
in einem nicht zu kleinen, teilweise
dicht bepflanzten Becken mit weichem
Bodengrund halten sollte, in dem unbedingt auch noch ausreichend freier
Schwimmraum vorhanden sein muss.
Als Nahrung eignet sich feines Lebend-,
Gefrier- und Trockenfutter; außerdem benötigen die Fische regelmäßig
pflanzliche Kost. **Temperatur** 22-26 °C.
pH-Wert 6,0-7,5. **Härtegrad** 5-15°dGH.
Wasserregion untere und mittlere
Bereiche.
Vergesellschaftung Mit anderen
Barben oder auch Bärblingen bzw. La-
byrinthfischen in einem Asienbecken
(siehe S. 100) oder nicht zu kleinen
südamerikanischen Salmlern in einem
Gesellschaftsaquarium (siehe S. 88).
Fortpflanzung Freilaicher
Sonstiges Die Männchen führen häufig
harmlose Scheinkämpfe aus.

Sumatrabarbe
(Puntius tetrazona)

Familie Cyprinidae (Karpfenfische)
Verbreitung Asien; Sumatraund Borneo.
Länge 7 cm
Geschlechtsunterschiede Die Männchen sind oft etwas schlanker und
kräftiger gefärbt.
Haltung Die sehr lebhaften Tiere
benötigen unbedingt ein geräumiges
Becken mit weichem Boden, in dem
man eine nicht zu kleine Gruppe (ab
zehn Tiere) halten sollte, weil sonst oft
andere Beckenbewohner belästigt werden. Als Nahrung eignet sich Lebend-,
Gefrier- und Trockenfutter, außerdem
sollte regelmäßig pflanzliche Kost angeboten werden. **Temperatur** 22-27 °C.
pH-Wert 6,5-7,5. **Härtegrad** 5-15°dGH.
Wasserregion untere und mittlere
Bereiche.
Vergesellschaftung Mit anderen Barben, robusten Bärblingen oder Schmerlen in einem Asienbecken (siehe S.
100) oder nicht zu kleinen südamerikanischen Salmlern und Welsen in
einem Gesellschaftsaquarium (S. 88).
Die Art darf nicht mit scheuen oder
langflossigen Arten vergesellschaftet
werden (auch nicht mit Labyrinthfischen, deren Bauchflossen zu langen
Tastfäden umgebildet sind), weil die
Barben gern an den Flossen zupfen.
Fortpflanzung Freilaicher

Bitterlingsbarbe
(Puntius titteya)
Familie Cyprinidae (Karpfenfische)
Verbreitung Asien. Diese Art findet
man nur in schattigen Fließgewässern
im Westen Sri Lankas.
Länge 5 cm
Geschlechtsunterschiede Die Männchen werden zur Laichzeit leuchtend
rot, während die Weibchen ihre bräun-
liche Grundfärbung behalten.
Haltung Da die Männchen untereinander etwas zänkisch sind, hält man
am besten eine Gruppe von wenigen
Männchen und mehreren Weibchen.
Das nicht zu helle Becken sollte
zumindest teilweise einen weichen
Bodengrund bekommen und zudem
ausreichend Pflanzenverstecke aufweisen. Als Nahrung kann man Lebend-,
Gefrier- und Trockenfutter anbieten,
außerdem sollten die Tiere regelmäßig
pflanzliche Kost bekommen. Temperatur 22-27 °C. pH-Wert 6,0-7,0. Härtegrad 5-15°dGH. Wasserregion untere
und mittlere Bereiche.
Vergesellschaftung Mit friedlichen
Barben und Bärblingen oder Labyrinthfischen in einem Asienbecken
(siehe S. 100) oder mit südamerikanischen Salmlern, Zwergbuntbarschen
und Welsen, die ähnliche Ansprüche
haben, in einem herkömmlichen
Gesellschaftsaquarium (siehe S. 88). Die
übrigen Beckenbewohner sollten nicht
zu groß und lebhaft sein.
Fortpflanzung Freilaicher

Feuerschwanz-Fransenlipper
(Epalzeorhynchos bicolor)
Familie Cyprinidae (Karpfenfische)
Verbreitung Asien. Die Art kommt
ausschließlich in Thailand vor, wo die
Tiere die verschiedensten Fließgewässer bewohnen.
Länge 12 cm
Geschlechtsunterschiede Die Unterscheidung der Geschlechter ist sehr
schwierig. Manchmal wirken die Weibchen etwas rundlicher.
Haltung Diese Fische bilden ein Revier,
das vor allem gegenüber Artgenossen
sehr aggressiv verteidigt wird. Daher
kann selbst in größeren Becken nur ein
Feuerschwanz-Fransenlipper gehalten
werden, weil sonst unweigerlich eines
der Tiere eingeht. Die hübschen Zierfische benötigen pflanzliche Nahrung
(Algen), fressen aber normalerweise
auch Trocken- und Gefrierfutter.
Temperatur 22-26 °C. pH-Wert 6,5-7,5.
Härtegrad 5-15°dGH. Wasserregion
untere und mittlere Bereiche.
Vergesellschaftung Die Art kann mit
großen Barben, Labyrinthfischen oder
Schmerlen in einem Asienbecken (siehe
S. 100) vergesellschaftet werden, aber
auch mit anderen robusten Fischen, die
ähnliche Ansprüche haben, in einem
geräumigen Gesellschaftsbecken. Allerdings dürfen sich keine ähnlich aussehenden Arten im Becken befinden, etwa
der nah verwandte Grüne Fransenlipper
(*Epalzeorhynchos frenatum*).
Fortpflanzung Freilaicher

Prachtschmerle
(Botia macracanthus)
Familie Cobitidae (Schmerlen und
Dorngrundeln)
Verbreitung Asien. Diese hübsche, auch
Clown-Prachtschmerle genannte Art
kommt hauptsächlich auf Sumatra und
Borneo vor.
Länge bis 25 cm (im Aquarium kleiner)
Geschlechtsunterschiede Die Männchen
lassen sich mit etwas Erfahrung an der
tiefer eingeschnittenen Schwanzflosse
erkennen.
Haltung Prachtschmerlen sind sehr
gesellige, friedliche Tiere, die man
keinesfalls einzeln halten sollte. Voraussetzung ist ein geräumiges Becken, das
unbedingt zahlreiche Verstecke aufweisen sollte, in die sich die Fische zurückziehen können. Als Nahrung eignet sich
Lebend-, Gefrier- und Flockenfutter;
außerdem sollten die Schmerlen regelmäßig pflanzliche Kost bekommen. Die
Tiere fressen sehr gern Schnecken, sodass diese in einem Becken mit Schmerlen kaum eine Überlebenschance
haben. **Temperatur** 25-29 °C. **pH-Wert**
6,0-7,0. **Härtegrad** 4-12°dGH. **Wasserregion** untere Bereiche.
Vergesellschaftung Mit anderen friedlichen Arten in einem Asienbecken (S. 100)
oder Gesellschaftsaquarium (S. 88).
Fortpflanzung Freilaicher
Sonstiges Die Art ist anfällig für die
Weißpünktchenkrankheit (siehe
S. 127), sodass man unbedingt auf gute
Wasserqualität achten muss.

Geflecktes Dornauge
(Pangio kuhlii)
Familie Cobitidae (Schmerlen und
Dorngrundeln)
Verbreitung Asien. Diese ungewöhnlich aussehenden Fische bewohnen
krautige Gewässer in Malaysia, Thailand, Singapur und Vietnam, kommen
aber auch auf Java, Sumatra und einigen anderen Inseln der Region vor.
Länge bis 10 cm
Geschlechtsunterschiede Die Unterscheidung der Geschlechter (und selbst
die Bestimmung der einzelnen Arten)
ist schwierig; manchmal wirken die
Weibchen etwas rundlicher.
Haltung Die scheue, überwiegend
nachtaktive Art, die man oft nur bei der
Fütterung zu sehen bekommt, benötigt
ein teilweise dicht bepflanztes Becken,
das mit weichem Bodengrund ausgestattet werden muss, weil sich die Tiere
gern eingraben. Als Nahrung kann
feines Lebendfutter, aber auch Gefrier-
und Trockenfutter angeboten werden.
Temperatur 20-26 °C. **pH-Wert** 6,5-7,5.
Härtegrad 5-10°dGH. **Wasserregion**
untere Bereiche.
Vergesellschaftung Mit Bärblingen,
ruhigeren Barben, Labyrinthfischen
und Schmerlen in einem Asienbecken
(siehe S. 100) oder auch mit südamerikanischen Salmlern, die ähnliche
Bedingungen bevorzugen, in einem
herkömmlichen Gesellschaftsaquarium (siehe S. 88).
Fortpflanzung Freilaicher

Lebendgebärende Zahnkarpfen

Wie sich anhand des ungewöhnlichen Namens dieser Fischgruppe unschwer erraten lässt, zeichnen sich die Lebendgebärenden Zahnkarpfen (Familie Poeciliidae) dadurch aus, dass sie

Auch vom Platy gibt es eine Vielzahl von Zuchtformen.

lebende Junge zur Welt bringen. Dies ist möglich, weil die Eier sehr lange im Körper der Mutter bleiben. Dadurch haben die Jungtiere beim Ablegen der Eier bereits ein so weit fortgeschrittenes Entwicklungsstadium erreicht, dass sie sofort schlüpfen und sich in Sicherheit bringen können. Daher sind die Verluste unter den Nachkommen auch deutlich geringer als bei Arten, bei denen sich die Eier außerhalb des Muttertieres entwickeln.

Allerdings musste die Natur bei dieser Form der Fortpflanzung ein großes Problem überwinden. Denn während die Eier der meisten Fische nach dem Ablegen relativ problemlos von den

Männchen befruchtet werden können, funktioniert dies bei den Lebendgebärenden Zahnkarpfen nicht, weil die Eier den Körper des Weibchens bis zur „Geburt" überhaupt nicht verlassen. Daher ist die Afterflosse der Männchen zu einem Begattungsorgan, einem sogenannten Gonopodium, umgebildet, mit dem ganze Spermienpakete in die Geschlechtsöffnung der Weibchen übertragen werden können. Und bei einigen Arten muss es sogar nicht einmal regelmäßig zu einer Paarung kommen, weil die Weibchen das Sperma längere Zeit in ihrem Körper speichern und sich dann ohne eine erneute Begattung fortpflanzen können.

Da sich viele Lebendgebärenden Zahnkarpfen leicht vermehren lassen und natürliche Abweichungen vom Wildtyp vergleichsweise häufig auftreten, tauchten in der Aquaristik, schon bald nachdem die ersten Exemplare Ende des 19. Jahrhunderts nach Europa gelangt waren, Individuen auf, die anders gefärbt waren oder längere Flossen hatten als die Ursprungsform. Und weil diese verstärkt weiter vermehrt wurden, gibt es inzwischen – besonders beim Guppy – eine fast unüberschaubare Fülle unterschiedlicher Zuchtformen.

Die meisten Zierfische aus dieser Gruppe sind friedliche Tiere und eignen sich daher gut für ein Gesellschaftsbecken. Allerdings sollte man langflossige Zuchtformen des Guppys nicht zusammen mit Fischen halten, die gern an den Flossen ihrer Mitbewohner zupfen, etwa Sumatrabarben (S. 51). Besonders gut geeignete Mitbewohner sind Fische aus den mittleren und unteren Regionen, denn die meisten Lebendgebärenden Zahnkarpfen halten sich vorzugsweise in den oberen Zonen auf.

Guppy
(Poecilia reticulata)

Familie Poeciliidae (Lebendgebärende Zahnkarpfen)

Verbreitung Die Art stammt ursprünglich aus Mittelamerika, Teilen Südamerikas und aus der Karibik. Da die Fische in den vergangenen Jahrzehnten aber häufiger auch in anderen Erdteilen zur Bekämpfung von Malaria übertragenden Moskitos ausgesetzt wurden, sind sie inzwischen auch in weiteren Regionen heimisch geworden. Besonders gilt das für tropische und subtropische Gebiete Asiens und Afrikas, aber auch in Süditalien gibt es mittlerweile wild lebende Guppys.

Länge 6 cm

Geschlechtsunterschiede Die Männchen sind kleiner als die Weibchen, aber deutlich auffälliger gefärbt. Außerdem besitzen sie längere Flossen und ein Gonopodium (siehe S. 54). Trächtige Weibchen haben einen dunklen Fleck am Bauch.

Haltung Die Tiere kann man schon in kleineren Becken pflegen (Mindestlänge 60 cm), aber da sie sich meist rasch vermehren, werden solche Aquarien schnell zu klein. Das Becken sollte teilweise dicht bepflanzt werden, damit sich die Weibchen, die ständig von den Männchen verfolgt werden, verstecken können. Außerdem empfiehlt es sich, mehr Weibchen als Männchen zu halten. Als Nahrung kann feines Lebend-, Gefrier- und Trockenfutter angeboten werden. **Temperatur** 18-28 ˚C. **pH-Wert** 6,5-8,5. **Härtegrad** 10-25˚dGH. **Wasserregion** obere und mittlere Bereiche.

Vergesellschaftung Mit anderen Lebendgebärenden Zahnkarpfen in einem Mittelamerikabecken (siehe S. 94) oder auch friedlichen, nicht zu großen Arten, die ähnliche Ansprüche haben, in einem Gesellschaftsaquarium (siehe S. 88), aber keinesfalls mit Arten, die an den Flossen anderer Fische zupfen, etwa Sumatrabarben.

Fortpflanzung lebendgebärend

Sonstiges Von diesem beliebten Zierfisch gibt es unzählige Zuchtformen in den unterschiedlichsten Farben und mit ganz verschiedenen Flossen.

Oberes Bild: Farbenprächtige Zuchtformen des Guppy.

Unteres Bild: Der Endler Guppy (*Poecilia wingei*) ist seit 2005 als eigene Art anerkannt.

Black Molly
(Poecilia sphenops)

Familie Poeciliidae (Lebendgebärende Zahnkarpfen)

Verbreitung Der Black Molly ist eine besonders beliebte Zuchtform des Spitzmaulkärpflings, der in Mittel- und Südamerika heimisch ist.

Länge 9 cm

Geschlechtsunterschiede Die normalerweise etwas größeren Männchen erkennt man am Gonopodium (siehe S. 54).

Haltung Für Black Mollys, von denen man am besten eine kleine Gruppe hält, reicht schon ein Becken mit einer Mindestlänge von 80 cm, das nur teilweise dicht bepflanzt sein sollte, damit noch ausreichend freier Schwimmraum bleibt. Die Fische nehmen alle Arten von Lebend-, Gefrier- und Trockenfutter, brauchen aber unbedingt auch pflanzliche Kost. **Temperatur** 24-28 °C. **pH-Wert** 7,0-8,0. **Härtegrad** 10-25°dGH. **Wasserregion** obere und mittlere Bereiche.

Vergesellschaftung Mit anderen Lebendgebärenden Zahnkarpfen in einem Mittelamerikabecken (siehe S. 94) oder mit Fischen aus anderen Regionen, die ähnlich hohe Temperaturen vertragen, in einem herkömmlichen Gesellschaftsaquarium (siehe S. 88).

Fortpflanzung lebendgebärend

Sonstiges Bei zu niedrigen Temperaturen gehaltene Black Mollys werden zumeist nicht alt.

Schwertträger
(Xiphophorus helleri)

Familie Poeciliidae (Lebendgebärende Zahnkarpfen)

Verbreitung Mittelamerika; in kleineren Fließgewässern in Mexiko, Honduras und Guatemala.

Länge 12 cm

Geschlechtsunterschiede Die kleineren und zumeist etwas schlankeren Männchen haben neben einem Gonopodium (siehe S. 54) auch noch eine schwertförmig verlängerte Schwanzflosse.

Haltung Die Tiere benötigen ein geräumiges, helles Aquarium mit einer Mindestlänge von 100 cm, in dem man am besten ein Männchen und mehrere Weibchen hält, weil männliche Tiere untereinander oft unverträglich sind. Empfehlenswert ist, das Becken am Rand dicht zu bepflanzen, damit sich die ununterbrochen verfolgten Weibchen verstecken können. Die Fische nehmen Lebend-, Gefrier- und Flockenfutter, benötigen aber auch pflanzliche Kost. **Temperatur** 20-28 °C. **pH-Wert** 7,0-8,0. **Härtegrad** 10-25°dGH. **Wasserregion** obere und mittlere Bereiche.

Vergesellschaftung Mit robusten Arten in einem Mittelamerikabecken (S. 94) oder mit nicht zu empfindlichen Fischen, die ähnliche Bedingungen benötigen, in einem Gesellschaftsaquarium (S. 88).

Fortpflanzung lebendgebärend

Sonstiges Es gibt unzählige Zuchtformen in den unterschiedlichsten Färbungen.

Platy
(Xiphophorus maculatus)

Familie Poeciliidae (Lebendgebärende Zahnkarpfen)
Verbreitung Mittelamerika; in kleineren Fließgewässern.
Länge 6 cm
Geschlechtsunterschiede Die normalerweise etwas kleineren Männchen lassen sich an ihrem Gonopodium (siehe S. 54) erkennen. Es gibt zahlreiche Zuchtformen mit unterschiedlicher Färbung oder länger ausgezogenen Flossen.
Haltung Eine Gruppe dieser Art kann man schon in kleineren, teilweise dicht bepflanzten Becken halten. Sollen Jungfische aufgezogen werden, nimmt man am besten feinblättrige Pflanzen, damit die Jungfische sich verstecken können. Als Nahrung kann Lebend-, Gefrier- und Trockenfutter angeboten werden; außerdem brauchen die Tiere regelmäßig pflanzliche Kost, beispielsweise Algen. **Temperatur** 23-26 °C. **pH-Wert** 7,0-8,0. **Härtegrad** 10-20°dGH. **Wasserregion** obere und mittlere Bereiche.
Vergesellschaftung Mit anderen Lebendgebärenden Zahnkarpfen in einem Mittelamerikabecken (S. 94) oder mit Fischen aus anderen Regionen in einem Gesellschaftsaquarium (S. 88).
Fortpflanzung lebendgebärend
Sonstiges Bei Vergesellschaftung mit nah verwandten Arten kann es zu Hybridisierungen (Fortpflanzung mit artfremden Individuen) kommen.

Papageienplaty
(Xiphophorus variatus)

Familie Poeciliidae (Lebendgebärende Zahnkarpfen)
Verbreitung Mittelamerika. Die Art stammt aus Mexiko, wo sie hauptsächlich ruhige, dicht bewachsene Gewässer besiedelt, darunter Kanäle oder Tümpel.
Länge 6 cm
Geschlechtsunterschiede Die etwas kleineren Männchen erkennt man am Gonopodium (siehe S. 54).
Haltung Von dieser Art hält man am besten eine kleinere Gruppe in einem teilweise dicht bepflanzten Becken, das aber auch ausreichend freien Schwimmraum bieten sollte. Die Tiere benötigen unbedingt pflanzliche Kost, etwa Salat oder Spinat, vor allem, wenn im Aquarium nicht genug Algen wachsen, die von den Papageienplatys gern gefressen werden. Zusätzlich muss den Fischen aber auch noch Lebend-, Gefrier- und Trockenfutter angeboten werden. **Temperatur** 15-25 °C (Zuchtformen benötigen mindestens 21 °C). **pH-Wert** 7,0-8,0. **Härtegrad** 10-25°dGH. **Wasserregion** obere und mittlere Bereiche.
Vergesellschaftung Mit anderen Lebendgebärenden Zahnkarpfen in einem Mittelamerikabecken (S. 94) oder mit Fischen aus anderen Regionen in einem Gesellschaftsaquarium (S. 88).
Fortpflanzung lebendgebärend
Sonstiges Genau wie vom ähnlichen Platy (links) gibt es auch von dieser Art zahlreiche Zuchtformen.

Buntbarsche

Von den weltweit rund 1300 Buntbarscharten, die alle in der Familie Cichlidae zusammengefasst werden, sind viele ausgesprochen beliebte Aquarienfische. Der Grund dafür ist nicht nur die oft sehr hübsche Färbung, sondern auch das interessante Fortpflanzungsverhalten. Das gilt auch für die sogenannten Zwergbuntbarsche, bei denen es sich nicht um eine fest umrissene systematische Gruppe handelt, sondern man verwendet den Begriff für kleine Buntbarsche von maximal etwa 10 cm Länge. Und diese Fische eignen sich nicht nur wegen ihrer handlichen Größe besonders gut für die Haltung in Aquarien, sondern auch, weil sie friedlicher sind als viele ihrer größeren Verwandten und zudem weniger im Bodengrund wühlen. Daher kann man sie auch gut in bepflanzten Becken halten, während viele größere Arten nicht nur sehr schnell alle Pflanzen entwurzeln, sondern oft auch die übrige Dekoration nach eigenen Vorstellungen „umgestalten".
Bei Aquarianern ebenfalls sehr beliebt sind aber auch die hochrückigen Skalare und Diskusfische (siehe S. 63), die zwar deutlich größer werden als Zwergbuntbarsche, sich aber dennoch ausgezeichnet für ein bepflanztes Gesellschaftsbecken eignen, weil sie friedlich sind und nicht wühlen.
Die meisten der in Aquarien gehaltenen Buntbarsche stammen aus Afrika und Amerika, während in Asien nur wenige Arten heimisch sind. Zu den afrikanischen Buntbarschen gehören auch die bei Aquarianern sehr beliebten Arten, die nur im Malawi- oder Tanganjikasee im Osten des Kontinents vorkommen und sonst nirgendwo auf der Erde. Diese sind in den letzten Jahren in immer größerer Zahl im Handel zu finden, nicht zuletzt, weil es unter ihnen zahlreiche sehr hübsche und interessante Arten gibt, etwa solche, die ihre Eier in leeren Schneckenhäusern verstecken oder deren Junge gut geschützt im Maul der Eltern schlüpfen (Maulbrüter). Allerdings kann man diese Fische mit nur wenigen Zierfischen vergesellschaften, weil in den Seen ganz spezielle Bedingungen herrschen (siehe S. 104).

Schmetterlingsbuntbarsche fühlen sich bei paarweiser Haltung am wohlsten.

Agassiz'-Zwergbunt-
barsche

Kakadu-Zwergbuntbarsch

Agassiz'-Zwergbuntbarsch
(Apistogramma agassizii)
Familie Cichlidae (Buntbarsche)
Verbreitung Südamerika; hauptsächlich in ruhigen Fließgewässern im Einzugsbereich des Amazonas.
Länge 9 cm
Geschlechtsunterschiede Die Männchen sind farbenprächtiger und haben längere Flossen.
Haltung Von dieser revierbildenden, aber friedlichen Art hält man am besten ein Männchen mit mehreren Weibchen in einem nicht zu hellen, gut bepflanzten und gefilterten Becken. Wichtig sind außerdem zumindest teilweise weicher Sandboden und zahlreiche Höhlenverstecke, in denen auch die Eiablage erfolgt. Gefüttert werden sollte möglichst abwechslungsreich mit Lebend-, Trocken- und Gefrierfutter. **Temperatur** 22-26 °C. **pH-Wert** 6,0-7,0. **Härtegrad** 5-10°dGH. **Wasserregion** obere und mittlere Bereiche.
Vergesellschaftung Mit kleinen, friedlichen südamerikanischen Salmlern oder anderen Buntbarschen und Panzerwelsen in einem Südamerikabecken (siehe S. 96) bzw. mit friedlichen Arten im Gesellschaftsaquarium (siehe S. 88).
Fortpflanzung Haftlaicher

Kakadu-Zwergbuntbarsch
(Apistogramma cacatuoides)
Familie Cichlidae (Buntbarsche)
Verbreitung Südamerika. Dieser Buntbarsch kommt in kleineren Fließgewässern in Peru, Bolivien und Teilen Brasiliens vor.
Länge 9 cm
Geschlechtsunterschiede Die Männchen sind größer, kräftiger gefärbt und haben länger ausgezogene Flossenstrahlen.
Haltung Von dieser revierbildenden, aber ansonsten recht friedlichen Art hält man am besten ein Männchen mit mehreren Weibchen in einem nicht zu hellen, gut bepflanzten und gefilterten Becken. Außerdem brauchen die Tiere zumindest teilweise weichen Sandboden und zahlreiche Höhlenverstecke, in denen auch die Eiablage erfolgt. Sollen mehrere Männchen gehalten werden, wird ein sehr geräumiges Becken benötigt, damit es nicht zu ständigen Streitigkeiten kommt. Gefüttert wird möglichst abwechslungsreich mit Lebend-, Trocken- und Gefrierfutter. **Temperatur** 23-28 °C. **pH-Wert** 6,0-7,5. **Härtegrad** 3-10°dGH. **Wasserregion** obere und mittlere Bereiche.
Vergesellschaftung Mit kleinen, friedlichen südamerikanischen Salmlern oder anderen Buntbarschen und Panzerwelsen in einem Südamerikabecken (siehe S. 96) bzw. mit friedlichen Arten in einem herkömmlichen Gesellschaftsaquarium (siehe S. 88).
Fortpflanzung Haftlaicher
Sonstiges Die Art ist etwas empfindlich gegenüber hohen Nitratwerten, sodass die Teilwasserwechsel sehr regelmäßig durchgeführt werden müssen.

Gelber Schlankcichlide
(Julidochromis ornatus)
Familie Cichlidae (Buntbarsche)
Verbreitung Afrika; ufernahe Geröll-
und Felsbiotope im Tanganjikasee
(Ostafrika).
Länge 8 cm
Geschlechtsunterschiede Die Unterscheidung der Geschlechter ist nur zur
Fortpflanzungszeit anhand der Genitalpapille (an der Kloake) sicher möglich,
die bei den Männchen spitzer ausgezogen
ist. Manchmal erkennt man die männli-
chen Tiere aber auch daran, dass sie etwas
kleiner sind als die vor allem zur Laichzeit fülliger wirkenden Weibchen.
Haltung Am besten in einem Becken
mit einer Felsdekoration, die Spalten
oder Höhlen zum Verstecken und für
die Eiablage aufweisen muss. Eine Ausstattung mit robusten Pflanzen ist möglich, auch wenn diese im natürlichen
Lebensraum der Tiere normalerweise
nicht vorhanden sind (S. 104). Lebend-,
Gefrier- und Flockenfutter. **Temperatur**
22-25 °C. **pH-Wert** 7,5-8,5. **Härtegrad**
10-25°dGH. **Wasserregion** untere und
mittlere Bereiche.
Vergesellschaftung Da es sich um
friedliche Fische handelt, lassen sie sich
mit anderen Buntbarschen aus dem
Tanganjikasee vergesellschaften, allerdings nicht mit sehr nah verwandten
Arten, weil es sonst zu einer Hybridbil-
dung (Fortpflanzung mit artfremden
Individuen) kommen kann.
Fortpflanzung Haftlaicher

Gelber Labidochromis
(Labidochromis caeruleus)
Familie Cichlidae (Buntbarsche)
Verbreitung Afrika. Die auch Hellgelber
Spitzkopfmaulbrüter genannte Art
kommt ausschließlich in Felsbiotopen
im ostafrikanischen Malawisee vor.
Länge 10 cm
Geschlechtsunterschiede Die Männchen sind oft ein wenig größer als
die Weibchen und zur Paarungszeit
zumeist auch etwas kräftiger gefärbt.
Haltung Die recht friedliche Art
benötigt ein geräumiges Aquarium,
in dem man eine kleine Gruppe mit
mehr Weibchen als Männchen halten
sollte. Wichtig ist eine Felsdekoration
mit zahlreichen Höhlenverstecken. Als
Nahrung wird Lebendfutter bevorzugt,
aber die meisten Exemplare nehmen
auch Gefrier- und Trockenfutter.
Temperatur 23-26 °C. **pH-Wert** 7,5-8,5.
Härtegrad 10-25°dGH. **Wasserregion**
untere und mittlere Bereiche.
Vergesellschaftung Die Art kann zusammen mit anderen friedlichen Malawisee-
Buntbarschen in einem Ostafrikabecken
(siehe S. 104) gehalten werden.
Fortpflanzung Maulbrüter. Die Eier
werden vom Weibchen ausgebrütet.
Sonstiges Von dieser Art existieren zwei
Farbvarianten: leuchtend gelb gefärbte
Tiere („Yellow") und eine Variante mit
weißer Grundfärbung, deren Körper
aber häufig blau überlaufen ist, was
auch den wissenschaftlichen Namen
erklärt (caeruleus = blau)

Schneckencichlide
(Lamprologus ocellatus)
Familie Cichlidae (Buntbarsche)
Verbreitung Afrika; ausschließlich im Tanganjikasee.
Länge 6 cm
Geschlechtsunterschiede Die Unterschiede zwischen den Geschlechtern sind gering. Oft werden die Männchen aber etwas größer als die Weibchen.
Haltung Wichtig sind ein Bodengrund aus Sand und leere Schneckenhäuser als Unterschlupf und zur Eiablage. In kleineren Aquarien sollte nur ein Paar gehalten werden, in größeren Becken kann auch ein Männchen mit mehreren Weibchen leben. Als Verstecke lassen sich leere Weinbergschneckenhäuser verwenden (vor Gebrauch auskochen), und weil diese von den Buntbarschen gern teilweise eingegraben werden, sollte die Sandschicht etwa 5-6 cm dick sein. Als Nahrung wird feines Lebendfutter bevorzugt; die meisten nehmen aber auch Gefrier- und Trockenfutter. **Temperatur** 23-26 °C. **pH-Wert** 7,5-8,5. **Härtegrad** 10-25°dGH. **Wasserregion** untere Bereiche.
Vergesellschaftung Diese Buntbarsche werden häufig in Artenbecken gehalten, man kann sie aber auch mit friedlichen und nicht zu großen Cichliden aus dem Tanganjikasee vergesellschaften (vorzugsweise aus den oberen Wasserzonen).
Fortpflanzung Haftlaicher. Die Eier werden in leeren Schneckenhäusern abgelegt. Die Jungen erscheinen nach etwa zehn Tagen am Eingang und benötigen dort dann feines Lebendfutter, etwa *Artemia*-Nauplien.

Südamerikanischer Schmetterlingsbuntbarsch
(Mikrogeophagus ramirezi)
Familie Cichlidae (Buntbarsche)
Verbreitung Südamerika. Ruhige Fließgewässer in Venezuela und Kolumbien.
Länge 7 cm
Geschlechtsunterschiede Beim Männchen sind die vorderen Rückenflossenstrahlen etwas länger ausgezogen, während die Weibchen normalerweise einen stärker rot gefärbten Bauch haben.
Haltung Diese hübsche Art hält man am besten paarweise in einem gut bepflanzten Becken mit Sandboden, das man mit Steinen und Holz dekoriert. Die Eier werden häufig auf Steinen abgelegt, aber manchmal heben die Tiere auch flache Laichgruben aus. Gefüttert wird möglichst abwechslungsreich mit Lebend-, Trocken- und Gefrierfutter. **Temperatur** 22-28 °C. **pH-Wert** 6,0-7,0. **Härtegrad** 5-12°dGH. **Wasserregion** mittlere und untere Bereiche.
Vergesellschaftung Mit kleinen südamerikanischen Salmlern, Buntbarschen und Panzerwelsen in einem Südamerikabecken (siehe S. 96) oder in einem Gesellschaftsaquarium (siehe S. 88) mit kleinen, friedlichen Arten aus anderen Regionen, die ähnliche Bedingungen bevorzugen.
Fortpflanzung Haftlaicher

Gabelschwanzbuntbarsch
(Neolamprologus brichardi)
Familie Cichlidae (Buntbarsche)
Verbreitung Afrika. Die Art kommt ausschließlich in Felsbiotopen im Tanganjikasee in Ostafrika vor.
Länge 10 cm
Geschlechtsunterschiede Die Unterscheidung der Geschlechter ist schwierig. Manchmal sind die Männchen etwas größer oder haben ein wenig länger ausgezogene Flossen.
Haltung Die Tiere leben normalerweise in Schwärmen, finden sich zur Fortpflanzung dann aber paarweise zusammen. In dieser Zeit bilden sie ein Revier, aus dem nicht nur Artgenossen sehr aggressiv vertrieben werden, sondern auch andere Fische. Daher sollte man die Tiere nur in einem sehr geräumigen Becken mit einer Felsdekoration und Sandboden halten. Als Nahrung kann Lebend-, Gefrier- und Trockenfutter angeboten werden. **Temperatur** 22-26 °C. **pH-Wert** 7,5-8,5. **Härtegrad** 5-20°dGH. **Wasserregion** untere und mittlere Bereiche.
Vergesellschaftung Mit friedlichen Arten aus dem Tanganjikasee in einem Ostafrikabecken (siehe S. 104).
Fortpflanzung Haftlaicher
Sonstiges Die Art ist manchmal auch unter dem Namen Feenbarsch oder Prinzessin von Burundi im Handel. Interessant ist, dass sich ältere Jungtiere häufig an der Aufzucht jüngerer Geschwister beteiligen.

Kleiner Maulbrüter
(Pseudocrenilabrus multicolor)
Familie Cichlidae (Buntbarsche)
Verbreitung Afrika. Die Verbreitung dieser Art erstreckt sich vom unteren Nil bis nach Uganda und Tansania.
Länge 8 cm
Geschlechtsunterschiede Bei diesem friedlichen, auch für Anfänger geeigneten Buntbarsch lassen sich die Männchen zur Laichzeit leicht an ihrer deutlich lebhafteren Färbung erkennen.
Haltung Empfohlen wird die Haltung eines Männchens mit mehreren Weibchen, weil einzelne weibliche Tiere sonst zu stark verfolgt werden. Dennoch sollte das Becken zahlreiche Verstecke (Pflanzendickichte und Höhlen) aufweisen, damit die weiblichen Tiere ausreichend Rückzugsmöglichkeiten haben. Als Nahrung eignet sich Lebend-, Trocken- und Gefrierfutter. **Temperatur** 20-25 °C. **pH-Wert** 6,5-7,5. **Härtegrad** 5-15°dGH. **Wasserregion** mittlere und untere Bereiche.
Vergesellschaftung Die nur zur Paarungszeit etwas ruppigen Fische lassen sich gut mit zahlreichen friedlichen Arten aus anderen Regionen vergesellschaften, die ähnliche Bedingungen bevorzugen.
Fortpflanzung Maulbrüter
Sonstiges Die Art gehört zu den wenigen Maulbrütern, die leicht saures Wasser bevorzugen und sich daher auch in einem Gesellschaftsbecken mit Salmlern, Barben oder Bärblingen halten lassen.

Skalar
(Pterophyllum scalare)
Familie Cichlidae (Buntbarsche)
Verbreitung Südamerika. Die auch
Segelflosser genannte Art kommt vom
mittleren Amazonas bis nach Peru und
Ecuador vor.
Länge bis 15, Höhe bis 25 cm
Geschlechtsunterschiede Skalare
bilden zur Laichzeit in Nähe der Kloake
eine sogenannte Genitalpapille, die
beim Männchen spitzer ausgezogen ist.
Haltung Benötigt wird ein möglichst hohes, teilweise bepflanztes Becken, in dem
man am besten eine Gruppe hält. Als
Nahrung kann Lebend-, Gefrier- und Trockenfutter angeboten werden; außerdem
brauchen die Tiere regelmäßig pflanzliche Nahrung. **Temperatur** 24-28 °C.
pH-Wert 6,0-7,0. **Härtegrad** 3-10°dGH.
Wasserregion mittlere Bereiche.
Vergesellschaftung Mit größeren Salmlern (kleine Arten werden häufig als
Beute betrachtet) und südamerikanischen Welsen oder Zwergbuntbarschen
in einem Südamerikabecken (S. 96)
oder nicht zu kleinen Fischen aus anderen Regionen in einem Gesellschaftsaquarium (S. 88). Skalare dürfen nicht
mit Arten gehalten werden, die Flossen
zupfen, z.B. Sumatrabarben (S. 51).
Fortpflanzung Haftlaicher
Sonstiges Es gibt inzwischen zahlreiche
Zuchtformen, die sich vor allem in der
Färbung und der Länge der Flossen von
der Wildform unterscheiden.

Grüner Diskus
(Symphysodon aequifasciatus)
Familie Cichlidae (Buntbarsche)
Verbreitung Südamerika; in den unterschiedlichsten Gewässern im Amazonasgebiet.
Größe bis 20 cm
Geschlechtsunterschiede Die Geschlechter lassen sich nur zur Laichzeit anhand
der Genitalpapille unterscheiden, die
beim Männchen spitzer ausgezogen ist.
Haltung Die nicht ganz einfach zu
pflegende Art benötigt ein großes, möglichst hohes Becken mit stets optimaler
Wasserqualität, in dem man am besten
eine kleine Gruppe hält. Lebend- und
Gefrierfutter, aber von den meisten
Tieren werden auch geschabtes Rin-
derherz und spezielles Trockenfutter
gern genommen. **Temperatur** 24-28 °C.
pH-Wert 6,5-7,5. **Härtegrad** bis 5°dGH.
Wasserregion mittlere Bereiche.
Vergesellschaftung Mit südamerikanischen Salmlern, Welsen und Zwergbuntbarschen in einem Südamerikabecken
(S. 96). Möglich ist auch eine gemeinsa-
me Haltung mit friedlichen Fischen, die
ähnlichen Bedingungen bevorzugen, im
Gesellschaftsaquarium (S. 88).
Zucht Haftlaicher. Die Jungfische
ernähren sich anfangs von einem Haut-
sekret der Elterntiere.
Sonstiges Die dunklen Querbinden können – je nach Stimmung – unterschiedlich stark ausgeprägt sein. Verschiedene
Unterarten und Zuchtformen.

Labyrinthfische

Die zur Unterordnung Labyrinthfische (Anabantoidei) gehörenden Arten zeichnen sich unter anderem dadurch aus, dass sie neben ihren Kiemen noch ein zusätzliches Atemorgan besitzen. Dieses in der Kiemenhöhle liegende „Labyrinth" besteht aus vielfach verzweigten und stark durchbluteten Lamellen, mit deren Hilfe es möglich ist, der Luft, die mit dem Maul aufgenommen wird, den Sauerstoff zu entziehen, was den Vorteil hat, dass die Fische selbst sauerstoffarme Gewässer besiedeln können. Gleichzeitig bedeutet dies aber auch, dass ausgewachsene Labyrinthfische unbedingt die Möglichkeit bekommen müssen, Luft aufzunehmen, weil sie sonst ertrinken. Daher muss man bei der Haltung im Aquarium stets dafür sorgen, dass sich oberhalb der Wasseroberfläche ein Luftraum befindet, weil die Tiere sonst qualvoll eingehen. Für Jungfische gilt das übrigens nicht, weil sich bei ihnen das Labyrinth erst noch ausbilden muss, sodass sie anfangs ausschließlich mithilfe von Kiemen atmen. Eine weitere Besonderheit vieler Labyrinthfische ist der Bau von Schaumnestern. Diese bestehen aus speichelumhüllten Luftblasen, deren Aufgabe es ist, den Laich auf engstem Raum zusammenzuhalten. Die Betreuung der Nachkommen ist Aufgabe der Männchen, die die zumeist ölhaltigen und daher nach der Ablage an die Oberfläche treibenden Eier ins Nest befördern und bewachen.

Labyrinthfische kommen in einem großen Gebiet vor, das sich von Korea über China, Südost- und Südasien – einschließlich der Philippinen und des Malaiischen Archipels – bis ins tropische und subtropische südliche Afrika erstreckt. Manchmal werden die Tiere auch „Kletterfische" genannt, weil einige Arten kurzfristig das Wasser verlassen und über Land kriechen können.

Die Vergesellschaftung mit anderen Fischen ist bei den meisten der im Handel erhältlichen Arten ohne Weiteres möglich, wie auch die paarweise Haltung. Bei einigen Arten, vor allem bei Kampffischen (siehe S. 65) sind die Männchen untereinander allerdings so aggressiv, dass man nicht zwei Exemplare gemeinsam halten kann. Außerdem stellen einige Labyrinthfische ihren Weibchen oft so stark nach, dass diese nicht nur ausreichend Versteckmöglichkeiten benötigen, sondern stets auch in der Überzahl sein sollten.

Siamesischer Kampffisch
(Betta splendens)
Familie Osphronemidae (Fadenfische)
Verbreitung Asien. Ruhige oder stehende Gewässer in Thailand, Vietnam und Kambodscha.
Länge 6 cm
Geschlechtsunterschiede Die Männchen haben nicht nur sehr viel länger

Der Paradiesfisch gehört zu den farbenprächtigsten Labyrinthfischen.

ausgezogene Flossen, sondern sie sind auch deutlich auffälliger gefärbt.

Haltung Von diesen Fischen, die stets freien Zugang zur Luft an der Wasseroberfläche haben müssen, hält man am besten ein Männchen mit mehreren Weibchen. Empfehlenswert sind einige Schwimmpflanzen, an denen die Tiere ihr Schaumnest verankern können, außerdem benötigen die Weibchen ausreichend Versteckmöglichkeiten. Als Nahrung eignet sich feines Lebendfutter, die Tiere nehmen aber auch Gefrier- und Trockennahrung. **Temperatur** 24-28 °C. **pH-Wert** 6,0-7,5. **Härtegrad** 8-20°dGH. **Wasserregion** obere und mittlere Bereiche.

Vergesellschaftung In einem Asienbecken (siehe S. 100) mit anderen Labyrinthfischen, Schmerlen oder Bärblingen und Barben – allerdings keinesfalls mit Arten, die Flossen zupfen, etwa Sumatrabarben (siehe S. 51). Möglich ist aber auch die Haltung mit anderen friedlichen Arten, die ähnliche Bedingungen benötigen, in einem herkömmlichen Gesellschaftsaquarium (siehe S. 88). Ungeeignet sind Fische, die eine ähnliche Färbung haben wie das Kampffischmännchen, weil diese oft angegriffen werden.

Fortpflanzung Die Tiere bauen ein Schaumnest.

Sonstiges Die Männchen sind untereinander sehr aggressiv, sodass sich immer nur ein Männchen im Becken befinden darf. Es gibt Zuchtformen in den unterschiedlichsten Farben.

Küssender Gurami
(Helostoma temminckii)

Familie Helostomidae (Buckelmäuler)

Verbreitung Asien. Die Art findet man in Bächen oder Flüssen in Thailand und auf Borneo, Java sowie Sumatra.

Länge 15 cm

Geschlechtsunterschiede Die Unterscheidung der Geschlechter ist kaum möglich.

Haltung Diese lebhaften Fische benötigen sehr geräumige Becken. Bei dem typischen „Küssen", dem die Tiere auch ihren umgangssprachlichen Namen verdanken, handelt es sich um Rivalenkämpfe der Männchen. Neben Lebend- Gefrier- und Trockenfutter muss auch regelmäßig pflanzliche Kost angeboten werden. **Temperatur** 22-28 °C. **pH-Wert** 6,5-8,5. **Härtegrad** 5-20°dGH. **Wasserregion** obere und mittlere Bereiche.

Vergesellschaftung Mit Schmerlen oder robusten Barben in einem Asienbecken (siehe S. 100) oder auch mit nicht zu empfindlichen Fischen in einem herkömmlichen Gesellschaftsaquarium (siehe S. 88).

Fortpflanzung Freilaicher. Küssende Guramis bauen kein Schaumnest, aber ihre Eier treiben ebenfalls an die Oberfläche, sodass man sie dort leicht abschöpfen und in ein separates Becken überführen kann.

Sonstiges Neben der grünlichen Wildform gibt es einige Zuchtformen, darunter eine rosa Variante, die am häufigsten im Handel angeboten wird.

Paradiesfisch

(Macropodus opercularis)

Familie Osphronemidae (Fadenfische)
Verbreitung Asien. Die auch als Makropode bekannte Art kommt hauptsächlich in China, Korea, Vietnam sowie auf einigen Inseln der Region vor, wo die Tiere überwiegend flache, oft warme und sauerstoffarme Gewässer besiedeln.
Länge 10 cm
Geschlechtsunterschiede Die zumeist etwas größeren und kräftiger gefärbten Männchen haben längere Flossen.
Haltung Das Becken für diese Art sollte teilweise dicht bepflanzt werden, damit ausreichend Versteckmöglichkeiten für die Weibchen vorhanden sind. Weil die Männchen untereinander etwas aggressiv sind, hält man Makropoden am besten paarweise. Sollen die Tiere sich vermehren, empfiehlt es sich, einige Schwimmpflanzen einzusetzen, an denen die Männchen das Schaumnest verankern können. Als Nahrung eignet sich feines Lebendfutter, die Tiere nehmen aber auch Gefrier- und Trockenfutter. **Temperatur** 18-26 °C. **pH-Wert** 6,0-8,0. **Härtegrad** 5-25°dGH. **Wasserregion** obere und mittlere Bereiche.
Vergesellschaftung In einem Asienbecken (siehe S. 100) mit anderen Labyrinthfischen, Schmerlen oder Bärblingen und Barben (allerdings nicht mit Flossen zupfenden Arten) oder mit friedlichen Fischen aus anderen Regionen, die ähnliche Bedingungen bevorzugen, in einem herkömmlichen Gesellschaftsaquarium (siehe S. 88).
Fortpflanzung Die Tiere bauen ein Schaumnest.

Mosaikfadenfisch

(Trichogaster leeri)

Familie Osphronemidae (Fadenfische)
Verbreitung Asien; in ruhigen Fließgewässern in Malaysia, Thailand auf Borneo und Sumatra.
Länge 12 cm
Geschlechtsunterschiede Ausgewachsene Männchen erkennt man an der etwas länger ausgezogenen After- und Rückenflosse und an der rot gefärbten Kehl- bzw. Brustregion.
Haltung Diese Art hält man am besten in einem nicht zu kleinen, teilweise dicht bepflanzten Becken. Wie bei den meisten Labyrinthfischen sollte der Filter keine zu starke Oberflächenströmung erzeugen, weil sonst die Schaumnester der Fische zerstört werden. Lebend-, Gefrier- und Trockenfutter. **Temperatur** 24-28 °C. **pH-Wert** 6,5-8,0. **Härtegrad** 5-25°dGH. **Wasserregion** obere und mittlere Bereiche.
Vergesellschaftung In einem Asienbecken (siehe S. 100) mit anderen Labyrinthfischen, Schmerlen oder Bärblingen bzw. Barben (nicht mit Flossen zupfenden Arten, etwa Sumatrabarben, siehe S. 51) oder in einem Gesellschaftsaquarium (siehe S. 88).
Fortpflanzung Schaumnestbauer.

Blauer Fadenfisch
(Trichogaster trichopterus)
Familie Osphronemidae (Fadenfische)
Verbreitung Asien. Die weitverbreitete
Art kommt unter anderem in Malaysia,
Thailand, Kambodscha, Vietnam und
Myanmar (Birma) vor, wo man die Tiere
vor allem in ruhig fließenden oder
stehenden Gewässern findet.
Länge 12 cm
Geschlechtsunterschiede Die Männchen kann man an der spitzer ausgezo-
genen Rücken- und Afterflosse sowie
der orangefarbenen Zeichnung auf den
fadenförmigen Bauchflossen erkennen.
Haltung Die ziemlich robuste und für
Labyrinthfische recht langlebige Art,
die sich auch vergleichsweise leicht
vermehren lässt, sollte ein gut bepflanztes Becken mit geringer Oberflächenströmung und einigen Schwimmpflanzen bekommen. Als Nahrung
kann Lebendfutter sowie Gefrier- und
Trockenfutter angeboten werden.
Temperatur 22-28 °C. **pH-Wert** 6,0-7,0.
Härtegrad 5-25°dGH. **Wasserregion**
obere und mittlere Bereiche.
Vergesellschaftung In einem Asienbecken (siehe S. 100) mit anderen
Labyrinthfischen, Schmerlen oder
Bärblingen bzw. Barben (nicht mit
Flossen zupfenden Arten) oder auch
mit Fischen aus anderen Regionen, die
ähnliche Bedingungen bevorzugen, in
einem herkömmlichen Gesellschaftsaquarium (siehe S. 88).

Fortpflanzung Die Tiere bauen ein
Schaumnest.
Sonstiges Die Männchen errichten oft sehr
große Nester (Durchmesser bis 25 cm).

Knurrender Gurami
(Trichopsis vittata)
Familie Osphronemidae (Fadenfische)
Verbreitung Asien. Die Art kommt
hauptsächlich in Vietnam, Thailand
sowie auf der malaiischen Halbinsel bis
nach Sumatra, Java und Borneo vor.
Länge 6 cm.
Geschlechtsunterschiede Die etwas
kräftiger gefärbten Männchen haben
eine spitzer ausgezogene und zudem
rötlich gesäumte Afterflosse.
Haltung Das Becken für diese hübschen
und friedlichen, aber etwas scheuen
Tiere sollte teilweise dicht bepflanzt
werden, aber auch noch weitere
Versteckmöglichkeiten bieten. Als
Nahrung kann man Lebendfutter sowie
Gefrier- und Trockenfutter anbieten.
Temperatur 22-28 °C. **pH-Wert** 6,5-7,5.
Härtegrad 3-15°dGH. **Wasserregion**
obere und mittlere Bereiche.
Vergesellschaftung Die Tiere hält man
am besten in einem Artenbecken oder
zusammen mit kleinen, friedlichen
und nicht zu lebhaften Arten in einem
Gesellschaftsaquarium (siehe S. 88).
Fortpflanzung Schaumnestbauer.
Sonstiges Vor allem zur Paarungszeit
geben beide Geschlechter manchmal
knurrende Laute von sich.

Regenbogenfische

Wie der Name bereits andeutet, handelt es sich bei den zur Ordnung der Ährenfischartigen (Atheriniformes) gehörenden Regenbogenfischen um ausgesprochen hübsch gefärbte Tiere. Und weil sie in der Mehrzahl der Arten recht robust und vergleichsweise leicht zu vermehren sind, erfreuen sich diese Zierfische seit einigen Jahrzehnten bei Aquarianern immer größerer Beliebtheit. Insgesamt sind die Ährenfischartigen eine recht kleine Fischgruppe mit nur etwa 300 Arten, von denen die meisten in Neuguinea, Australien, Sulawesi (Celebes) und einigen weiteren Inseln dieser Region heimisch sind. Dort haben viele eine sehr eingeschränkte Verbreitung, kommen also beispielsweise nur in einem bestimmten See oder Flussabschnitt vor. Eine Ausnahme bildet der beliebte Madagaskar-Ährenfisch (*Bedotia geayi*, siehe S. 71), der aus Afrika stammt. Die meisten Arten dieser Gruppe sind friedlich, sodass man sie gut in einem Gesellschaftsbecken halten kann; es gibt aber auch etwas scheuere Vertreter, die man am besten in einem Artenbecken unterbringt. In der Regel handelt es sich bei den Regenbogenfischen um sehr gesellige Tiere, die man möglichst als kleine Gruppe in einem geräumigen Aquarium halten sollte, das nur teilweise dicht bepflanzt wird, damit noch ausreichend freier Schwimmraum bleibt. Wichtig ist aber auch, das Becken nicht zu dicht zu besetzen, da Regenbogenfische etwas empfindlich auf eine schlechte Wasserqualität reagieren. Kleinere Arten können im Aquarium zwei bis drei Jahre alt werden, größere vier bis acht Jahre. Im Becken der Zoofachhandlungen werden Regenbogenfische leicht übersehen, weil dort zumeist Jungtiere angeboten werden und sich die auffällige Färbung bei den meisten Arten erst im zweiten Lebensjahr entwickelt.

Lachsroter Regenbogenfisch
(Glossolepis incisus)
Familie Melanotaeniidae (Regenbogenfische)
Verbreitung Neuguinea. Die auch Kammschuppen-Regenbogenfisch genannte Art kommt nur im Sentani-See sowie einigen seiner Zuflüsse vor.
Länge 15 cm
Geschlechtsunterschiede Die geschlechtsreifen Männchen haben eine auffällige rote Körperfärbung (zu-

Madagaskar-Ährenfische brauchen geräumige Aquarien.

mindest die dominanten Individuen einer Gruppe), während die Weibchen unscheinbar bräunlich sind. Typisch ist aber auch, dass die Männchen mit fortgeschrittenem Alter deutlich hochrückiger werden.

Haltung Diese friedlichen Regenbogenfische sollte man unbedingt in einer Gruppe halten, weil die Tiere sich nur dann richtig wohlfühlen. Da es sich um eine relativ große Art handelt, müssen die Fische ein sehr geräumiges Aquarium bekommen, das nur am Rande dicht bepflanzt wird, damit ausreichend freier Schwimmraum bleibt. Wichtig ist aber auch ein kräftiger Filter, mit dem sich eine spürbare Strömung im Aquariumerzeugen lässt. Als Nahrung eignet sich Lebend-, Gefrier- und Flockenfutter. **Temperatur** 24-28 °C. **pH-Wert** 7,0-8,0. **Härtegrad** 15-20°dGH. **Wasserregion** obere und mittlere Bereiche.

Vergesellschaftung Mit anderen Regenbogenfischen in einem Neuguineabecken (siehe S. 106) oder mit Arten aus anderen Regionen, die ähnliche Ansprüche an Temperatur, pH-Wert und Härte stellen, in einem herkömmlichen Gesellschaftsaquarium (siehe S. 88).

Fortpflanzung Freilaicher

Sonstiges Die Männchen bekommen ihre hübsche Rotfärbung nur dann, wenn sich auch Weibchen im Becken befinden.

Werners Regenbogenfisch
(Iriatherina werneri)

Familie Melanotaeniidae (Regenbogenfische)

Verbreitung Australien und Neuguinea. Die Fische hat man bisher sowohl auf der Cape-York-Halbinsel in Nordaustralien als auch in Teilen Neuguineas gefunden.

Länge 5 cm

Geschlechtsunterschiede Bei dieser kleinen, etwas zerbrechlich wirkenden Art, die man bezeichnenderweise auch Filigran-Regenbogenfisch nennt, sind die etwas größeren Männchen nicht nur deutlich farbenprächtiger, sondern sie haben auch länger ausgezogene Flossenstrahlen.

Haltung Die recht aktiven Tiere benötigen ein nur teilweise dicht bepflanztes Becken, in dem unbedingt ausreichend freier Schwimmraum vorhanden sein muss. Als Nahrung wird feines Lebendfutter bevorzugt, aber die meisten Exemplare nehmen auch Gefrier- und Flockenfutter. **Temperatur** 24-28 °C. **pH-Wert** 6,0-7,5. **Härtegrad** 10-20°dGH. **Wasserregion** obere und mittlere Bereiche.

Vergesellschaftung Mit anderen, nicht zu großen Regenbogenfischen in einem Neuguineabecken (siehe S. 106) oder mit kleinen, friedlichen Salmlern bzw. Bärblingen in einem herkömmlichen Gesellschaftsaquarium (siehe S. 88).

Fortpflanzung Freilaicher

Boesemans Regenbogenfisch
(Melanotaenia boesemani)

Familie Melanotaeniidae (Regenbogenfische)

Verbreitung Neuguinea. Die auch Harlekin-Regenbogenfisch genannte Art stammt aus dem Gebiet der Ayamaru-Seenplatte, wo man die Tiere zumeist in ruhigeren Uferbereichen der Seen, aber auch in einigen Zuflüssen findet.

Länge 11 cm

Geschlechtsunterschiede Die Männchen sind etwas größer, haben eine auffälligere Färbung und werden im Alter oft deutlich hochrückiger. Leider erreichen Nachzuchten nicht immer die Farbenpracht, wie man sie bei Tieren aus der Natur findet.

Haltung Es handelt sich um friedliche, sehr aktive Fische, von denen man am besten eine gemischte Gruppe in einem geräumigen, an den Rändern dicht bepflanzten Aquarium mit ausreichend freiem Schwimmraum hält. Bevorzugt wird Lebendfutter, aber die meisten Exemplare nehmen auch Gefrier- und Trockenfutter. **Temperatur** 24-28 °C. **pH-Wert** 7,0-8,0. **Härtegrad** 8-15°dGH. **Wasserregion** obere und mittlere Bereiche.

Vergesellschaftung Mit anderen Regenbogenfischen in einem Neuguineabecken (S. 106) oder mit Arten, die ähnliche Ansprüche an Temperatur, pH-Wert und Härte stellen, in einem Gesellschaftsaquarium (S. 88).

Fortpflanzung Freilaicher

Juwelen-Regenbogenfisch
(Melanotaenia trifasciata)

Familie Melanotaeniidae (Regenbogenfische)

Verbreitung Australien; in Fließgewässern im Norden.

Länge 13 cm

Geschlechtsunterschiede Die Männchen sind normalerweise etwas hochrückiger und kräftiger gefärbt; außerdem haben sie zumeist länger ausgezogene Rücken- und Afterflossen.

Haltung Bei dieser sehr aktiven Art müssen sich stets deutlich mehr Weibchen als Männchen im Aquarium befinden, weil letztere den weiblichen Tieren fast ununterbrochen nachstellen. Das Becken (Mindestlänge 120 cm) sollte teilweise dicht bepflanzt werden, aber auch ausreichend freien Schwimmraum bieten und zudem eine leichte Strömung aufweisen. Die Tiere benötigen für eine optimale Entwicklung regelmäßig Lebendfutter, die meisten Exemplare nehmen aber zusätzlich auch Gefrier- und Flockenfutter. **Temperatur** 25-28 °C. **pH-Wert** 6,0-8,0. **Härtegrad** 5-20°dGH. **Wasserregion** obere und mittlere Bereiche.

Vergesellschaftung Mit anderen Regenbogenfischen in einem Neuguineabecken (siehe S. 106) oder mit Arten aus anderen Regionen, die ähnliche Ansprüche an Temperatur, pH-Wert und Härte stellen.

Sonstiges Mehrere Farbschläge

Gabelschwanz-Regenbogenfisch
(Pseudomugil furcatus)
Familie Pseudomugilidae (Blauaugen)
Verbreitung Neuguinea. Die Art, die manchmal auch Gabelschwanz-Blauauge genannt wird, stammt aus klaren, aber pflanzenreichen Fließgewässern im Osten Neuguineas.
Länge 6 cm
Geschlechtsunterschiede Die etwas größeren und kräftiger gefärbten Männchen erkennt man an der fadenförmig ausgezogenen vorderen Rückenflosse.
Haltung Es handelt sich um sehr aktive Fische, bei denen sich stets deutlich mehr Weibchen als Männchen im Becken befinden sollten, damit die weiblichen Tiere nicht ununterbrochen gejagt werden. Das Aquarium wird teilweise dicht bepflanzt, damit die Weibchen sich verstecken können. Ausreichend freier Schwimmraum und eine ständige Strömung im Becken sind wichtig. Die Tiere bevorzugen feines Lebendfutter, nehmen aber normalerweise auch Flocken- und Gefrierfutter. **Temperatur** 23-26 °C. **pH-Wert** 6,5-7,5. **Härtegrad** 5-15°dGH. **Wasserregion** obere und mittlere Bereiche.
Vergesellschaftung Mit Regenbogenfischen, die nicht zu hartes Wasser bevorzugen, in einem Neuguineabecken (S. 106) oder mit Arten, die ähnlichen Bedingungen benötigen, in einem Gesellschaftsaquarium (S. 88).
Fortpflanzung Freilaicher

Madagaskar-Ährenfisch
(Bedotia geayi)
Familie Bedotiidae (Madagaskar-Ährenfische)
Verbreitung Afrika. Diese Art stammt aus Madagaskar, wo die Tiere vor allem klare Bergbäche bewohnen.
Länge 15 cm
Geschlechtsunterschiede Die Männchen haben auf der weit hinten sitzenden Afterflosse und der zweiten Rückenflosse einen orangegelben Streifen.
Haltung Die nicht nur recht großen, sondern auch sehr lebhaften Zierfische brauchen ein sehr geräumiges Becken (Mindestlänge 120 cm), das man nur am Rand bepflanzt, damit ausreichend freier Schwimmraum bleibt. Wichtig ist ein leistungsfähiger Filter, der eine kräftige Strömung im Aquarium erzeugen sollte. Lebend-, Gefrier- und Flockenfutter sowie ab und zu pflanzliche Kost. **Temperatur** 20-24 °C. **pH-Wert** 7,0-7,5. **Härtegrad** 15-20°dGH. **Wasserregion** obere und mittlere Bereiche.
Vergesellschaftung Mit Arten aus mittleren und unteren Bereichen, die ähnliche Ansprüche an Temperatur, pH-Wert und Härte stellen, etwa mittelamerikanischen Buntbarschen, oder auch mit Regenbogenfischen in einem herkömmlichen Gesellschaftsaquarium (siehe S. 88).
Fortpflanzung Freilaicher

Welse

Obwohl die meisten Welse ein eher unauffälliges oder sogar verstecktes Leben in Bodennähe führen, sind sie dennoch sehr beliebte Aquarienfische, was auch damit zu tun hat, dass viele Arten Futterreste am Boden oder unerwünschte Algen auf Pflanzen und Scheiben beseitigen. Typisch für die meisten Welse sind die empfindlichen Barteln am Maul, bei denen es sich um Tastorgane handelt, mit deren Hilfe sich die Tiere auch im Dunkeln oder in trüben Gewässern orientieren können. Bei Aquarianern besonders beliebt sind die südamerikanischen **Panzerwelse** (Familie Callichthyidae), von denen die meisten nicht größer als 12 cm werden. Sie besitzen keine Schuppen, sondern ihr Körper ist durch Knochenplatten geschützt, was auch den Namen erklärt. Außerdem verfügen viele Arten über eine zusätzliche Darmatmung, mit deren Hilfe die Tiere Luftsauerstoff verwerten können (siehe S. 38), sodass man sie oft auch in nicht so gut durchlüfteten Gewässern findet, in denen sie über die Kiemen nicht immer genug Sauerstoff aufnehmen können. Außerdem ist der Sauerstoffgehalt

am Boden der Gewässer, wo sich viele Welse überwiegend aufhalten, deutlich geringer als in oberen Wasserschichten. Diese Darmatmung setzen die Tiere häufig auch im Aquarium ein, was daran erkennbar ist, dass die Welse schnell zur Oberfläche schwimmen, dort Luft abschlucken, um anschließend sofort wieder auf den Boden zu sinken. Wenn sich viele andere Fische in den oberen und mittleren Regionen des Aquariums befinden, muss man darauf achten, dass auch die Welse ausreichend Futter bekommen, da die Tiere fast ausschließlich am Boden fressen. Am sichersten ist es daher, sofort zu Boden sinkende Futtertabletten zu verwenden. Wichtig sind außerdem zahlreiche Verstecke, in die sich die Tiere zurückziehen können; außerdem bevorzugen viele Arten die Gesellschaft von Artgenossen, sodass man möglichst eine kleine Gruppe halten sollte. Ebenfalls sehr beliebt sind aber auch die **Harnischwelse** (Familie Loricariidae), von denen die meisten ebenfalls in Südamerika heimisch sind. Typisch für die Mitglieder dieser Familie, zu der über 600 Arten gehören, ist der relativ flache, schuppenlose, ebenfalls durch Knochenplatten geschützte Körper mit der abgeplatteten Bauchseite und dem unterständigen Saugmaul, das nicht nur zum Abraspeln der Nahrung dient, sondern mit dem sie sich auch an Steinen bzw. auf einem felsigen Untergrund festsaugen können.

Blauer Antennenwels
(Ancistrus dolichopterus)
Familie Loricariidae (Harnischwelse)
Verbreitung Südamerika. Die auch Blauer Harnischwels genannte Art bewohnt hauptsächlich schnell fließende

Die attraktiven Indischen Glaswelse sind fast durchsichtig.

Gewässer mit steinigem Untergrund im mittleren und oberen Amazonasgebiet.
Länge 14 cm
Geschlechtsunterschiede Die Männchen erkennt man an zahlreichen langen Tentakeln am Kopf.
Haltung Das Becken, in dem diese Welse leben, sollte unbedingt mit einer Moorkienholzwurzel ausgestattet werden, weil die Tiere davon Holz abraspeln, das sie als Ballaststoff für ihre Verdauung benötigen. Ist das nicht möglich, muss man spezielle Futtertabletten mit Holzfasern (z.B. Algenchips mit Holzanteil) füttern. Außerdem sollten die Welse sich verstecken können, etwa in Ton- oder Kunststoffröhren (Länge 10-20 cm, Durchmesser 3-5 cm), die auch gern zur Eiablage benutzt werden (siehe S. 137). Besonders beliebt sind die Antennenwelse, weil sie unerwünschte Algen von Einrichtungsgegenständen und Scheiben abfressen, sie brauchen aber zusätzlich auch noch regelmäßig Lebend- oder Gefrierfutter, herkömmliche Futtertabletten sowie pflanzliche Kost. **Temperatur** 23-27 °C. **pH-Wert** 6,0-7,5. **Härtegrad** 2-20°dGH. **Wasserregion** untere Bereiche.
Vergesellschaftung Mit südamerikanischen Salmlern, Panzerwelsen oder beispielsweise auch Skalaren in einem Südamerikabecken (siehe S. 96) oder mit friedlichen Arten in einem herkömmlichen Gesellschaftsaquarium (siehe S. 88).
Fortpflanzung Haftlaicher
Sonstiges Oft werden unter diesem Namen auch etwas anders aussehende, nah verwandte Arten angeboten, deren Haltungsbedingungen sich aber nicht von denen des „echten" Blauen Antennenwelses unterscheiden.

Smaragd-Panzerwels
(Brochis splendens)
Familie Callichthyidae (Schwielen- und Panzerwelse)
Verbreitung Südamerika. Ruhige Fließgewässer mit Sandboden im brasilianischen, ecuadorianischen und peruanischen Amazonasgebiet.
Länge 7 cm
Geschlechtsunterschiede Die Männchen sind zumeist etwas kleiner und schlanker, außerdem ist ihr Bauch häufig rötlich gefärbt.
Haltung Es handelt sich um gesellige Tiere, die auf keinen Fall einzeln gehalten werden sollten. Gut geeignet ist ein dicht bepflanztes Becken mit weichem Bodengrund, das zudem zahlreiche Versteckmöglichkeiten aufweisen sollte. Als Nahrung eignen sich feines Lebend- und Gefrierfutter sowie Futtertabletten. **Temperatur** 22-28 °C. **pH-Wert** 6,5-7,0. **Härtegrad** 5-20°dGH. **Wasserregion** untere Bereiche.
Vergesellschaftung Mit Salmlern oder Buntbarschen, etwa Skalaren, sowie anderen Welsen in einem Südamerikabecken (siehe S. 96) oder mit Arten aus anderen Regionen, die ähnliche Bedingungen bevorzugen, in einem herkömmlichen Gesellschaftsaquarium (siehe S. 88).
Fortpflanzung Haftlaicher

Leopard-Panzerwels
(Corydoras leopardus)
Familie Callichthyidae (Schwielen- und Panzerwelse)
Verbreitung Südamerika; im Amazonasgebiet sowie einigen anderen Regionen.
Länge 7 cm
Geschlechtsunterschiede Die Unterscheidung der Geschlechter ist schwierig. Manchmal wirken die Weibchen etwas rundlicher.
Haltung Stets mehrere Exemplare in einem nicht zu dicht bepflanzten Becken halten. Wichtig sind ein teilweise weicher Bodengrund und zahlreiche Verstecke. Als Nahrung kann man feines Lebend-, Flocken- und Gefrierfutter sowie Futtertabletten für Welse anbieten.
Temperatur 20-26 °C. **pH-Wert** 6,0-7,5. **Härtegrad** 5-15°dGH. **Wasserregion** untere Bereiche.
Vergesellschaftung Mit Salmlern oder Buntbarschen, etwa Skalaren, sowie anderen Welsen in einem Südamerikabecken (siehe S. 96) oder mit Arten aus anderen Regionen in einem Gesellschaftsaquarium (siehe S. 88).
Fortpflanzung Haftlaicher
Sonstiges Bei Panzerwelsen kann scharfkantiger Bodengrund leicht zu Verletzungen der empfindlichen Barteln am Maul führen.

Marmorierter Panzerwels
(Corydoras paleatus)
Familie Callichthyidae (Schwielen- und Panzerwelse)
Verbreitung Südamerika. Diese Welse findet man in Bächen und Flüssen im Einzugsbereich des unteren Rio Paraná, aber auch in küstennahen Gewässern in anderen Teilen Brasiliens und in Uruguay.
Länge 7 cm
Geschlechtsunterschiede Die Männchen wirken etwas kleiner als die Weibchen, haben eine größere und spitzer zulaufende Rückenflosse.
Haltung Diese pflegeleichten Tiere hält man am besten als Gruppe in einem nicht zu dicht bepflanzten, gut gefilterten Becken mit zahlreichen Verstecken in Form von Höhlen sowie weichem Sandboden, damit sich die Tiere nicht die empfindlichen Barteln verletzen. Als Nahrung kann man Lebend-, Gefrier- und Flockenfutter sowie Futtertabletten anbieten.
Temperatur 20-26 °C. **pH-Wert** 6,0-7,0. **Härtegrad** 5-15°dGH. **Wasserregion** untere Bereiche.
Vergesellschaftung Mit Salmlern oder mit Buntbarschen, etwa Skalaren, sowie anderen Welsen in einem Südamerikabecken (siehe S. 96) oder mit Arten aus anderen Regionen in einem Gesellschaftsaquarium (siehe S. 88).
Fortpflanzung Haftlaicher
Sonstiges Neben der wildfarbenen Variante wird im Handel manchmal auch eine albinotische Zuchtform angeboten.

Panda-Panzerwels
(Corydoras panda)
Familie Callichthyidae (Schwielen- und Panzerwelse)
Verbreitung Südamerika; ruhige Fließgewässer mit Sandboden im oberen Amazonas.
Länge 5 cm
Geschlechtsunterschiede Die Unterscheidung der Geschlechter ist sehr schwierig. Manchmal sind die Männchen etwas kleiner oder wirken auch ein wenig schlanker als die Weibchen, vor allem zur Laichzeit.
Haltung Von dieser Art sollte man stets mehrere Exemplare in einem nicht zu dicht bepflanzten Becken halten. Wichtig sind außerdem ein teilweise weicher Bodengrund und zahlreiche Verstecke. Feines Lebend-, Flocken- und Gefrierfutter sowie Futtertabletten für Welse. **Temperatur** 22-27 °C. **pH-Wert** 6,0-7,5. **Härtegrad** 5-15°dGH. **Wasserregion** untere Bereiche.
Vergesellschaftung Mit Salmlern oder Buntbarschen, etwa Skalaren, sowie anderen Welsen in einem Südamerikabecken (S. 96) oder mit Arten, die ähnliche Bedingungen bevorzugen, im Gesellschaftsaquarium (S. 88).
Fortpflanzung Haftlaicher

Indischer Glaswels
(Kryptopterus bicirrhis)
Familie Siluridae (Echte Welse)
Verbreitung Asien; von Ostindien über Thailand und Malaysia bis nach Java, Sumatra und Borneo, wo die ungewöhnlichen Tiere in klaren Fließgewässern leben.
Länge 8 cm
Geschlechtsunterschiede Die Geschlechter lassen sich äußerlich nicht unterscheiden.
Haltung Von dieser tagaktiven Art muss man unbedingt eine Gruppe halten, weil die Tiere sonst kümmern und zumeist schnell eingehen. Da die Welse nicht am Boden leben, sondern sich überwiegend in der Beckenmitte aufhalten, sollte ausreichend freier Schwimmraum vorhanden sein. Lebendfutter wird bevorzugt, die meisten Tiere nehmen aber auch Gefrier- und Trockenfutter. **Temperatur** 22-26 °C. **pH-Wert** 6,5-7,5. **Härtegrad** 5-15°dGH. **Wasserregion** mittlere Bereiche.
Vergesellschaftung Mit friedlichen Bärblingen in einem Asienbecken (S. 100) oder mit anderen kleinen Arten, etwa Salmlern, im Gesellschaftsbecken.
Fortpflanzung Haftlaicher
Sonstiges Die Art hat äußerlich wenig mit anderen Welsen gemein. So besitzen die Tiere einen lang gestreckten, nahezu durchsichtigen Körper; Rücken- und Bauchflossen sind kaum entwickelt, während die sehr lange Afterflosse fast die gesamte Länge des Unterkörpers einnimmt. Die für Welse typischen langen Barteln sind aber vorhanden. Bei den meisten Exemplaren handelt es sich immer noch um Wildfänge.

Pflanzen im Aquarium

Aquarienpflanzen verstärken nicht nur die optische Wirkung eines Aquariums, sondern sie sind auch wichtig für das Wohlbefinden und die Fortpflanzung zahlreicher Fische. So können scheuere Arten sie als Versteck nutzen, und auch Jungfische haben zumeist nur eine Überlebenschance, wenn ein Becken ausreichend bepflanzt ist; außerdem legen viele Fische ihre Eier zwischen Pflanzen ab oder nutzen große Blätter für das Gelege. Und schließlich hilft eine ausreichende Bepflanzung, die Wasserqualität zu verbessern, denn die Pflanzen verbrauchen nicht nur unerwünschte Substanzen wie Nitrat, sondern reichern das Wasser mit Sauerstoff an, der während der Fotosynthese sozusagen als „Abfallprodukt" anfällt. Daher sollten Sie im Normalfall auf die Bepflanzung Ihres Aquariums nicht verzichten. Allerdings ist das nicht in jedem Becken möglich, denn einige Aquarienfische, vor allem größere Buntbarsche, wühlen zumindest zur Paarungszeit so stark im Boden, dass die meisten Pflanzen entwurzelt werden. Und wenn Sie Zierfische halten, deren Nahrung zu einem großen Teil aus pflanzlichem Material besteht, werden Sie zumindest auf zartblättrige Arten verzichten müssen.

Ökologische Ansprüche

Ähnlich wie bei Garten- oder Zimmerpflanzen muss man auch bei Aquarienpflanzen die oft unterschiedlichen Ansprüche berücksichtigen. So stammen einige Arten aus schattigen Urwaldbächen und brauchen daher vergleichsweise wenig Licht, während andere in flachen, sonnigen Seeufer-bereichen vorkommen und daher bei schlechten Lichtverhältnissen nicht richtig wachsen.

Aber auch bezüglich der Nährstoffansprüche gibt es einiges zu beachten. So nehmen die meisten Wasserpflanzen, anders als ihre an Land wachsenden Verwandten, die benötigten Nährstoffe hauptsächlich über die Oberfläche von Blättern und Stängeln auf und weniger über die Wurzeln. Allerdings sind einige Aquarienpflanzen, darunter die beliebten *Echinodorus*- und *Cryptocoryne*- Arten, keine echten Wasser-, sondern vielmehr Sumpfpflanzen, die auch ein Überfluten ihres Lebensraumes problemlos überstehen. Und diese versorgen sich – genau wie Landpflanzen – über ihre Wurzeln mit Nährstoffen. Daher sollte man es auch nicht versäumen, den Bodengrund eines Aquariums, in dem Pflanzen wachsen sollen, bei der Einrichtung generell mit einem Langzeitdünger auszustatten (siehe S. 91), weil handelsübliche Flüssigdünger, die man auch später noch dazugeben kann, über die Wurzeln kaum aufgenommen werden. Wurde dies versäumt, sollte man von Zeit zu Zeit neben schlecht

> **Tipp** | **Künstliche Pflanzen**
>
> Becken, die sich schwer bepflanzen lassen, weil sie nur schwach beleuchtet werden sollen oder weil sie für Fische vorgesehen sind, die überwiegend Pflanzen fressen oder häufig und intensiv im Boden wühlen, kann man mit künstlichen Pflanzen ausstatten, unter denen es mittlerweile schon recht natürlich aussehende Nachbildungen gibt und die sich zudem gut am Boden oder auf Steinen festkleben lassen.

wachsenden Pflanzen Düngekugeln in den Boden drücken. Wie groß der Bedarf einzelner Arten an Nährstoffen ist und wie hoch die Lichtansprüche sind, kann man den Pflanzenporträts ab Seite 78 entnehmen.

Pflanzen vermehren

Viele Aquarienpflanzen, besonders solche mit lang gestreckten Sprossen, lassen sich gut durch Stecklinge vermehren. Dazu schneidet man den Hauptspross oder auch einen der Seitentriebe, der mindestens drei bis vier Internodien (Teil der Sprossachse zwischen zwei Knoten) aufweisen sollte, direkt unter einem Knoten ab und steckt den Trieb dann so in den Bodengrund, dass der unterste Knoten vollständig mit Kies bedeckt ist, denn dort bilden sich die neuen Wurzeln. Man kann die neue Pflanze aber auch auf den Bodengrund legen und mit einem Stein beschweren (siehe S. 92). Genauso einfach ist die Vermehrung bei Arten, die an speziellen Seitentrieben neue Pflanzen (Ableger) bilden, die abgeschnitten und neu eingepflanzt werden können. Allerdings sollte dies erst geschehen, wenn die Jungpflanzen etwa fünf bis sechs eigene Blätter besitzen, damit sie kräftig genug sind, um allein zu überleben. Haben die Ableger bereits Wurzeln gebildet, schneidet man diese vor dem Einpflanzen kräftig zurück, weil sie sowieso absterben und dann leicht Fäulnisherde im Boden bilden. Bei einigen Aquarienpflanzen, etwa *Vallisneria*-Arten (siehe S. 85), wurzeln sich die Tochterpflanzen auch allein im Boden fest. Dadurch entwickelt sich aus wenigen Pflanzen im Laufe der Zeit oft ein regelrechtes Dickicht. Die Verbindung zwischen Mutter- und Tochterpflanzen stirbt später ab.

Attraktiver Sauerstoffspender, Lebensraum und Versteckmöglichkeit – der Nutzen der Aquarienpflanzen ist vielfältig.

Karolina-Moosfarn

Empfehlenswerte Aquarienpflanzen

Gitterpflanze
(Aponogeton madagascariensis)
Heimat Afrika
Größe 20-100 cm
Platzierung solitär. **Lichtbedarf** mittel.
Nährstoffbedarf mittel. **Temperatur**
20-26 °C.
Anmerkungen Diese attraktive Pflanze, deren ungewöhnliches Aussehen dadurch zustande kommt, dass die Blattnerven stehen bleiben, während sich das Gewebe dazwischen auflöst, hat eine große Variationsbreite. So gibt es kleine Formen mit höchstens 20 cm großen Blättern, während andere eine Länge von bis zu 100 cm erreichen können. Die Art, die regelmäßige Ruhephasen benötigt, wird im Handel oft auch als Große Gitterpflanze *(A. henkelianus)* angeboten. **Schwierigkeitsgrad** Es handelt sich um eine zarte Pflanze, deren Pflege nicht ganz einfach ist (siehe S. 107).

Karolina-Moosfarn
(Azolla caroliniana)
Heimat Nord-, Mittel- und Südamerika
Größe 2,5 cm
Platzierung Schwimmpflanze. **Lichtbedarf** hoch. **Nährstoffbedarf** gering.
Temperatur 15-28 °C.
Anmerkungen Dieser Farn bildet eine Symbiose mit Bakterien der Gattung

Anabaena, die in der Lage sind, Luftstickstoff zu fixieren und den Pflanzen so ein besseres Wachstum ermöglichen. Die Art, die man gern zur Düngung von Reisfeldern einsetzt (siehe S. 103), ist oft auch als Karolina-Algenfarn im Handel. **Schwierigkeitsgrad** anspruchslos

Kleines Fettblatt
(Bacopa monnieri)
Heimat Tropen und Subtropen Asiens, Afrikas und Amerikas
Größe: 30-40 cm
Platzierung Mittel- und Hintergrund.
Lichtbedarf mittel. **Nährstoffbedarf:** mittel. **Temperatur** 22-28 °C.
Anmerkungen Die Triebspitzen dieser Art sollten von Zeit zu Zeit abgeschnitten und neu eingesetzt werden, um einer Verkahlung vorzubeugen (der Rest des Stängels treibt in der Regel ebenfalls wieder aus).
Schwierigkeitsgrad anspruchslos

Linkes Bild:
Gitterpflanze

Rechtes Bild:
Kleines Fettblatt

Langblättrige Barclaya
(Barclaya longifolia)
Heimat Südostasien
Größe bis 35 cm
Platzierung Vorder- und Mittelgrund.
Lichtbedarf mittel. **Nährstoffbedarf**
hoch. **Temperatur** 22-28 °C.
Anmerkungen Von dieser Art gibt es
eine grüne und eine rote Sorte. Wenn
die Pflanzen für den Vordergrund
benötigt werden, also klein bleiben
sollen, pflanzt man die Barclaya am
besten mit einem nicht zu großen Topf
ein. Die Art wird gern von Schnecken
gefressen.
Schwierigkeitsgrad anspruchsvoll

Feinfiedrige Haarnixe
(Cabomba aquatica)
Heimat Mittel- und Südamerika
Größe bis 50 cm, manchmal auch länger
Platzierung Mittel- und Hintergrund.
Lichtbedarf hoch. **Nährstoffbedarf**
mittel. **Temperatur** 22-28 °C.
Anmerkungen Von dieser Art gibt es
grüne und rötliche Formen. In Becken
mit nicht ganz so klarem Wasser, etwa
einem Aquarium mit gründelnden Barben, verschmutzen die feinen Fiedern
sehr leicht und die Pflanzen sterben ab;
außerdem veralgen Haarnixen häufig
stark. Im Handel ist die Pflanze oft
auch als Wasser- oder Riesenhaarnixe
erhältlich.
Schwierigkeitsgrad anspruchsvoll

Becketts Wasserkelch
(Cryptocoryne beckettii)
Heimat Südostasien
Größe 10-25 cm
Platzierung Vorder- und Mittelgrund.
Lichtbedarf mittel. **Nährstoffbedarf**
mittel. **Temperatur** 22-28 °C.
Anmerkungen Es handelt sich um eine
rotbraune, langsam wachsende Art, die
auch als Petchs Wasserkelch (*Cryptoco-
ryne petchii*) im Handel zu finden ist.
Schwierigkeitsgrad anspruchslos

Langblättrige Barclaya

Linkes Bild:
Feinfiedrige Haarnixe

Rechtes Bild:
Becketts Wasserkelch

Wendtscher Wasserkelch
(Cryptocoryne wendtii)
Heimat Sri Lanka
Größe 10-30 cm
Platzierung Vorder- und Mittelgrund.
Lichtbedarf mittel. **Nährstoffbedarf**
mittel. **Temperatur** 22-26 °C.
Anmerkungen Es handelt sich um eine
anspruchslose und gut wachsende Art,
die von allen Wasserkelchen am besten
für das Bepflanzen von Aquarien geeignet
ist. Varietäten in verschiedenen Farben
und unterschiedlicher Wuchsform.
Schwierigkeitsgrad anspruchslos

Amazonas-Schwertpflanze
(Echinodorus amazonicus)
Heimat Tropisches Südamerika
Größe 30-50 cm
Platzierung normalerweise als Solitär-
pflanze, in größeren Becken auch als
Gruppe. **Lichtbedarf** mittel. **Nährstoff-
bedarf** mittel. **Temperatur** 22-28 °C.
Anmerkungen Das Wachstum dieser
Art, die bereits seit vielen Jahren zu
den beliebtesten Aquarienpflanzen
gehört, lässt sich oft durch regelmäßige
Düngung mit Eisen (Düngekugeln) ver-
bessern. Große Exemplare können bis
zu 50 Blätter besitzen. Die Vermehrung
erfolgt über Ableger (siehe S. 77).
Schwierigkeitsgrad anspruchslos

Große Schwertpflanze
(Echinodorus bleherae)
Heimat Südamerika
Größe bis 60 cm
Platzierung Solitärpflanze. **Lichtbedarf**
mittel. **Nährstoffbedarf** hoch. **Tempera-
tur** 22-30 °C.
Anmerkungen Die vergleichsweise
schnell wachsende Art hat einen hohen
Nährstoffbedarf, sodass man sie von
Zeit zu Zeit nachdüngen sollte. Sie ist
oft auch als Blehers oder Breitblättrige
Schwertpflanze im Handel.
Schwierigkeitsgrad anspruchslos

Dichtblättrige Wasserpest
(Egeria densa)
Heimat Die eigentliche Heimat dieser Pflanze ist Südamerika, aber inzwischen wurde sie fast überall auf der Erde eingebürgert.
Größe 50-60 cm
Platzierung Gruppenpflanzung im Hintergrund. **Lichtbedarf** hoch. **Nährstoffbedarf** mittel. **Temperatur** 15-25 °C.
Anmerkungen Diese Art, die oft auch Argentinische Wasserpest genannt wird, eignet sich besonders gut für Becken mit Fischen (oder Garnelen), die nicht zu hohe Temperaturen bevorzugen.
Schwierigkeitsgrad anspruchslos

Breitblättrige Zwergschwertpflanze
(Helanthium bolivianum)
Heimat Südamerika
Größe 15-25 cm
Platzierung Vorder- und Mittelgrund. **Lichtbedarf** hoch. **Nährstoffbedarf** mittel. **Temperatur** 22-30 °C.
Anmerkungen Diese Ausläufer bildenden Art war bis vor kurzem noch unter dem Namen *Echinodorus latifolius* im Handel. Werden die Ausläufer gleich entfernt, erhält man buschigere Exemplare; bei heller Beleuchtung bleiben die Pflanzen kleiner.
Schwierigkeitsgrad anspruchslos

Grasartige Zwergschwertpflanze
(Helanthium tenellum)
Heimat Nord-, Mittel- und Südamerika
Größe 5-10 cm
Platzierung Vordergrund. **Lichtbedarf** hoch. **Nährstoffbedarf** mittel. **Temperatur** 20-28 °C.
Anmerkungen Diese Art, die früher *Echinodorus tenellus* genannt wurde, bildet unter optimalen Bedingungen schnell einen dichten Rasen im Vordergrund des Aquariums.
Schwierigkeitsgrad bei ausreichend Licht problemlos

Brasilianischer Wassernabel
(Hydrocotyle leucocephala)
Heimat Mittel- und Südamerika
Größe bis 60 cm
Platzierung Hintergrund. **Lichtbedarf** gering. **Nährstoffbedarf** hoch. **Temperatur** 20-28 °C.
Anmerkungen Die Art wächst bei ausreichendem Nährstoffangebot schnell zur Wasseroberfläche und bildet dort hellgrüne Schwimmblätter. Weil sie dadurch bald eine starke Beschattung hervorruft, muss man ihr Wachstum genau kontrollieren. Ein anderer Name ist Weißköpfiger Wassernabel.
Schwierigkeitsgrad anspruchslos

Kirschblatt
(Hygrophila corymbosa)
Heimat Südostasien
Größe 40-60 cm
Platzierung Mittel- und Hintergrund. **Lichtbedarf** mittel. **Nährstoffbedarf** hoch. **Temperatur** 22-28 °C.
Anmerkungen Es handelt sich um eine große, breitblättrige Pflanze, die viel Platz benötigt und von Zeit zu Zeit eingekürzt und neu eingesetzt werden sollte, damit sie schön dicht bleibt.
Schwierigkeitsgrad mittel

Indischer Wasserstern
(Hygrophila difformis)
Heimat Südostasien
Größe 30-70 cm
Platzierung Mittel- und Hintergrund. **Lichtbedarf** mittel. **Nährstoffbedarf** hoch. **Temperatur** 23-28 °C.
Anmerkungen Die Beliebtheit dieser Pflanze geht vor allem auf die hübschen hellgrünen, stark gefiederten Blätter zurück. Die bei ausreichend Licht schnell wachsende Art ist oft auch als Indischer Wasserwedel oder unter ihrem alten wissenschaftlichen Namen *Synnema triflorum* im Handel.
Schwierigkeitsgrad anspruchslos

Brasilianische Graspflanze
(Lilaeopsis brasiliensis)
Heimat Südamerika
Größe Bis 10 cm
Platzierung Vordergrund. **Lichtbedarf** hoch. **Nährstoffbedarf** hoch. **Temperatur** 16-26 °C.
Anmerkungen Diese Art, die unter optimalen Bedingungen schnell einen dichten Rasen bildet, ist manchmal auch unter dem Namen Neuseeland-Graspflanze (*L. novae zelandiae*) im Handel.
Schwierigkeitsgrad anspruchslos

Brasilianische Graspflanze

Javafarn
(Microsorum pteropus)
Heimat Asien
Größe bis 30 cm
Platzierung Wird vor allem aufgebunden auf Holz oder Stein verwendet. **Lichtbedarf** gering. **Nährstoffbedarf** gering. **Temperatur** 22-28 °C.
Anmerkungen Diese beliebte Farnpflanze, von der es unterschiedliche Sorten gibt, lässt sich gut auf Dekorationsgegenstände aufbinden, etwa eine Moorkienholzwurzel – praktisch in Becken mit wühlenden Buntbarschen oder wenn man im Hintergrund schnell hohen Wuchs benötigt. Zum Aufbinden wird der Farn zunächst mit einem Nylonfaden befestigt; später haften die Wurzeln auch ohne Unterstützung. Im Bodengrund breitet sich die Pflanze oft nur schlecht aus. Da die Art ziemlich hartblättrig ist, wird sie zumeist von Fischen verschont, die gern an Pflanzen nagen.
Schwierigkeitsgrad anspruchslos

Javafarn

Brasilianisches Tausendblatt
(Myriophyllum aquaticum)
Heimat Diese Pflanze stammt aus Südamerika, sie wurde inzwischen aber auch in viele andere tropische Regionen der Erde verschleppt.
Größe bis 50 cm

Brasilianisches Tausendblatt

Platzierung Gruppenpflanzung im Hintergrund. **Lichtbedarf** hoch. **Nährstoffbedarf** mittel. **Temperatur** 18-26 °C.
Anmerkungen Die Art, die auch Papageienfeder genannt wird, kann man nicht nur eingepflanzt, sondern auch als Schwimmpflanze verwenden. Im Handel wird die manchmal auch Wassertausendblatt genannte Pflanze teils auch unter dem wissenschaftlichen Namen *Myriophyllum brasiliense* angeboten.
Schwierigkeitsgrad bei ausreichend Licht anspruchslos

Muschelblume

Muschelblume
(Pistia stratiotes)
Heimat tropischer Kosmopolit
Größe Blätter 15 cm lang und 10 cm
breit (bleibt im Aquarium aber deutlich
kleiner), Wurzeln bis 30 cm
Platzierung Schwimmpflanze. **Licht-**
bedarf Große, kräftige Exemplare
bekommt man aber nur bei viel Licht.
Nährstoffbedarf mittel. **Temperatur**
22-28 °C.
Anmerkungen Die langen Wurzeln
eignen sich gut als Verstecke für
Jungfische. Da sich die Art schnell
durch Ausläufer verbreitet, muss sie
regelmäßig ausgedünnt werden, damit
die übrigen Pflanzen noch ausreichend
Licht bekommen. In vielen Gewässern
tropischer Regionen hat sich die Pflanze, die auch unter den Namen Wasser-
kohl oder Wassersalat bekannt ist, zu
einem stark wuchernden, unerwünschten Unkraut entwickelt.
Schwierigkeitsgrad anspruchslos

Breitblättriges Pfeilkraut
(Sagittaria platyphylla)
Heimat südliches Nord- und Mittelamerika; in anderen Regionen der Erde
eingebürgert
Größe bis 20 cm
Platzierung Vorder- und Mittelgrund;
auch als Solitärpflanze. **Lichtbedarf**
mittel. **Nährstoffbedarf** hoch. **Tempera-**
tur 20-26 °C.
Anmerkungen Die Art wächst langsam,
ist dafür aber sehr robust. Die Temperatur darf nicht zu hoch sein, außerdem
wird ein nährstoffreicher Bodengrund
benötigt.
Schwierigkeitsgrad anspruchslos

Kleines Pfeilkraut
(Sagittaria subulata)
Heimat östliches Nord- und Südamerika
Größe normalerweise bis 10 cm
Platzierung Vorder- und Mittelgrund.
Lichtbedarf mittel. **Nährstoffbedarf**
mittel. **Temperatur** 20-28 °C.
Anmerkungen Schnellwüchsige, sich
durch Ausläufer rasch vermehrende
Art, die unter optimalen Bedingun-
gen schnell einen dichten Rasen im
Beckenvordergrund bildet. Stehen die
einzelnen Exemplare dicht zusam-
men, werden oft sehr viel größere,
manchmal sogar bis 60 cm lange
Blätter gebildet.
Schwierigkeitsgrad anspruchslos

Linkes Bild:
Breitblättriges Pfeilkraut

Rechtes Bild:
Kleines Pfeilkraut

Amerikanische Wasserschraube
(Vallisneria americana var. americana)
Heimat Amerika, Asien und Ozeanien
Größe bis 200 cm; im Handel werden unterschiedliche Wuchsformen mit verschieden langen Blättern angeboten.
Platzierung Mittel- und Hintergrund. **Lichtbedarf** mittel. **Nährstoffbedarf** mittel. **Temperatur** 18-30 °C.
Anmerkungen Bei den großen Wuchsformen treiben die langen bandförmigen Blätter irgendwann auf der Wasseroberfläche, was man dazu nutzen kann, ein Becken teilweise zu beschatten. Zu dieser Art werden inzwischen auch die früher oft als Große Schraubenvallisnerie (*V. asiatica*), Riesenvallisnerie (*V. gigantea*) und Kleine Schraubenvallisnerie (*V. tortifolia*) bezeichneten Pflanzen gerechnet.
Schwierigkeitsgrad anspruchslos

Gewöhnliche Wasserschraube
(Vallisneria spiralis var. spiralis)
Heimat Europa, Asien
Größe bis 100 cm
Platzierung Mittel- und Hintergrund. **Lichtbedarf** mittel. **Nährstoffbedarf** mittel. **Temperatur** 20-28 °C.
Anmerkungen Diese Art hat normalerweise glatte Blätter – der Artname *spiralis* bezieht sich auf die stark gedrehten Blütenstängel der weiblichen Pflanzen –, aber es gibt auch eine Form mit schraubenförmig gedrehten, bis 50 cm langen

Amerikanische Wasserschraube

Blättern, die sich nur schwer von *Vallisneria americana* var. *americana* unterscheiden lässt. Die zweite, in Afrika, Asien und Ozeanien heimische Varietät ist *Vallisneria spiralis* var. *denseserrulata*, deren Blätter häufig deutlich gezähnt sind.
Schwierigkeitsgrad anspruchslos

Javamoos
(Vesicularia dubyana)
Heimat Südostasien
Größe bis 15 cm
Platzierung universell einsetzbar. **Lichtbedarf** gering. **Nährstoffbedarf** gering. **Temperatur** 15-30 °C.
Anmerkungen Dieses polsterbildende Moos, auch als *Taxiphyllum barbieri* im Handel, wird normalerweise zu Dekorationszwecken aufgebunden. Eine robuste Art, die mit wenig Licht und den verschiedensten Wasserqualitäten zurechtkommt und von vielen Fischen gern zum Ablaichen verwendet wird.
Schwierigkeitsgrad anspruchslos

Linkes Bild: Gewöhnliche Wasserschraube

Rechtes Bild: Javamoos

Das Aquarium einrichten

Verschiedene Aquarientypen

Gesellschaftsbecken

Es gibt unterschiedliche Möglichkeiten, ein Aquarium einzurichten und zu gestalten, wobei sich drei hauptsächliche Typen unterscheiden lassen. In einem Gesellschaftsaquarium werden friedliche Fische aus den unterschiedlichsten Regionen der Erde mit gleichen Ansprüchen an die Größe des Aquariums sowie Temperatur, pH-Wert, Wasserhärte, Bepflanzung und Einrichtung gemeinsam gehalten. Solche Becken kann man weitestgehend nach seinem persönlichem Geschmack gestalten und mit Fischen besetzen, die einem besonders gut gefallen, auch wenn sich diese wegen ihrer unterschiedlichen Herkunft in der Natur nie begegnen würden. Allerdings muss man die Bedürfnisse aller Bewohner berücksichtigen: So sollte man beispielsweise bei der Haltung von Panzerwelsen einen Teil des Bodens mit feinem Sand gestalten, damit die Tiere dort Futter suchen können, oder für sehr lebhafte Arten ausreichend Schwimmraum zur Verfügung stellen.

Landschaftsbecken

Viele Aquarianer bevorzugen ein Becken, das sich stärker am natürlichen Lebensraum der Fische orientiert. In einem solchen Landschaftsaquarium versucht man also ein Biotop nachzubilden, wie es in einer bestimmten Region in ähnlicher Form vorkommen könnte, beispielsweise ein südamerikanisches Gewässer mit Salmlern und Panzerwelsen oder ein asiatisches mit Barben, Bärblingen und Schmerlen. Im Gegensatz zur Einrichtung eines herkömmlichen Gesellschaftsaquariums, wo der Fantasie kaum Grenzen gesetzt sind, muss man beim Landschaftsbecken sehr viel gezielter vorgehen und zudem einiges über den natürlichen Lebensraum der Fische wissen. Daher finden Sie auf den Seiten 94 bis 107 Beispiele für einige Landschaftsbecken aus

In einem Gesellschaftsaquarium werden zumeist Fische unterschiedlicher Herkunft, aber mit ähnlichen Ansprüchen zusammen gepflegt.

verschiedenen Regionen der Erde mit den entsprechenden Informationen zu den jeweiligen Biotopen.

Einige Aquarianer gehen sogar noch weiter und versuchen einen ganz bestimmten Gewässertyp irgendeiner Region nachzubilden, beispielsweise einen Bewässerungskanal in einem asiatischen Reisfeld oder einen mit Schilf bewachsenen Uferbereich eines mittelamerikanischen Sees. Allerdings sollte bei aller Naturnähe das optische Erscheinungsbild und der persönliche Geschmack bei der Einrichtung nicht zu kurz kommen. Das gilt vor allem für die Bepflanzung, denn in der Natur herrscht in vielen Gewässerbiotopen eine bestimmte Pflanzenart vor, was in einem Aquarium eher langweilig wirkt. Und weil man an einem wenig dekorativen Becken erfahrungsgemäß leichter das Interesse verliert, schadet ein übergenaues Vorgehen dem Aquarium mehr als eine Pflanze aus einem fremden Biotop.

Artenbecken

Das Artenaquarium, in dem normalerweise nur eine Art gepflegt wird, ist am wenigsten verbreitet. Finden kann man es vor allem bei erfahrenen Aquarianern, die im Laufe der Jahre besonderen Gefallen an einer bestimmten Fischart gefunden haben und sich daher genauer mit diesen Tieren beschäftigen oder sie auch nachzüchten wollen. Und gerade Letzteres gelingt in Artenbecken zumeist sehr viel leichter, weil sich die Bedingungen genau auf die jeweiligen Fische zuschneiden lassen und die Tiere nicht durch andere Beckenbewohner gestört werden. Aber auch zur Unterbringung von Zierfischen, die sehr scheu sind oder deren Haltung besonders schwierig ist, sind Artenbecken zumeist die bessere Wahl.

Praxis   Quarantänebecken

Viele Aquarianer unterhalten neben ihrem normalen Gesellschafts-, Landschafts- oder Artenaquarium noch ein weiteres Becken, in dem sie kranke Fische behandeln oder auch neu erworbene Tiere zunächst einige Zeit in Quarantäne halten, um zu beobachten, ob sie auch tatsächlich gesund sind, damit die übrigen Bewohner nicht angesteckt werden. Ein solches Aquarium muss nicht groß sein, aber auf jeden Fall mit einer Heizung und einem einfachen Filter ausgestattet werden. Bodengrund und Pflanzen sind nicht unbedingt nötig, aber es ist empfehlenswert, den Fischen, die durch den Transport oder die Krankheit oft schon unter Stress stehen, die Möglichkeit zu geben, sich zu verstecken. Außerdem muss das Behandlungs- oder Quarantänebecken rechtzeitig vor dem Kauf der neuen Fische eingerichtet werden, damit beim Einsetzen der Neuankömmlinge bereits optimale Wasserbedingungen vorhanden sind.

Für etwas schwieriger zu haltende Zierfische, wie diese Diskus, sind Artenbecken oft die bessere Wahl.

Einrichten Schritt für Schritt

Die Schritte bei der Einrichtung sind für alle Aquarientypen ähnlich. So gilt es zunächst einen geeigneten Platz zu finden, an dem sich das Becken harmonisch in die Wohnungseinrichtung einfügt und der zudem eine gute Beobachtung der Fische gestattet. Dabei ist zu beachten, dass die Sonne höchstens kurzzeitig ins Becken fallen sollte, weil es sonst leicht zu einem verstärkten Algenwuchs oder bei kleineren Becken auch zu einer ungewollten Aufheizung kommen kann. Ungeeignet sind die Küche, weil Kochdünste die Wasserqualität beeinflussen können, oder auch Räume, in denen geraucht wird. Besonders für ein Aquarium mit scheueren oder etwas empfindlicheren Fischen sollte man einen möglichst ruhigen Platz wählen, damit die Tiere durch häufige Bewegungen außerhalb des Aquariums nicht ständig aufgeschreckt werden. Wichtig ist aber auch, dass sowohl das Aquarium als auch alle Geräte leicht zugänglich sind, damit die regelmäßigen Pflege- und Wartungsarbeiten nicht zu einer Last werden.

1. Stellen Sie das Aquarium an den vorgesehenen Platz und bewegen Sie es anschließend nicht mehr. Ist eine Fotorückwand (siehe „Praxis") vorgesehen, muss diese vorher angebracht werden. Soll das Becken auf einer Komode oder einem vergleichbaren Möbelstück stehen, empfiehlt es sich, es auf eine Platte aus Styropor oder eine handelsübliche Aquarienunterlage zu stellen, weil sich so kleine Unebenheiten ausgleichen las-

---

Praxis   Aquarienrückwand

Vor allem wenn Aquarien vor einer gemusterten oder farbigen Tapete stehen, stört dies den optischen Eindruck des Beckens ganz erheblich. Daher ist es empfehlenswert, an der Rückscheibe des Beckens von außen ein spezielles Farbposter (Fotorückwand) anzubringen, das gleichzeitig auch Schläuche und Kabel verdeckt, die hinter dem Aquarium verlaufen. Für diesen Zweck gibt es im Fachhandel verschiedene Motive, etwa ein Foto eines dicht bepflanzten Gewässers, das dem Becken zusätzlich Tiefe verleiht, oder auch eine große, im Wasser liegende Wurzel. Es ist aber auch möglich, ein Stück farbige Pappe hinter dem Aquarium zu befestigen. Eine andere Möglichkeit ist das Anbringen einer sogenannten 3D-Strukturrückwand im Becken. Das kann beispielsweise ein Felsrelief sein oder auch ein im Wasser stehender Baumstamm. Die im Handel erhältlichen Rückwände, die normalerweise auf die jeweilige Aquariengröße zurechtgeschnitten werden können, verringern natürlich den verfügbaren Platz im Becken, erhöhen aber, besonders in unbepflanzten Aquarien, den optischen Eindruck oft ganz erheblich.

Bei der Einrichtung eines Aquariums müssen unbedingt die Bedürfnisse aller Fische berücksichtigt werden: Panzerwelse brauchen teils sandigen Bodengrund zum Wühlen.

sen, die sonst möglicherweise Spannungen im Glas verursachen und das Becken beschädigen können.

2. Waschen Sie das Becken mit einem nicht fusselnden Tuch oder einem weichen Schwamm aus. Verwenden Sie dazu keine Reinigungsmittel, deren Zusätze bei den Fischen gesundheitliche Schäden hervorrufen können. Für die Außenscheiben kann man ein herkömmliches Fensterputzmittel nehmen. Ist eine Aquariumrückwand geplant (siehe „Praxis"), wird diese nun nach dem Abtrocknen der Scheiben angebracht, ebenso die Bodenheizung.

3. Soll das Aquarium bepflanzt werden, wird anschließend eine 1-2 cm dicke Schicht aus Langzeitdünger (Pflanzendepotdünger) eingebracht, den es vorgefertigt im Handel gibt. Darauf kommt dann eine 5-8 cm dicke Schicht aus grobkörnigem Kies (Korngröße 3-5 mm), der vor dem Einfüllen ins Becken so lange durchgespült werden muss, bis das Wasser klar bleibt (das gilt auch für Kies aus dem Handel), weil die feinen Bestandteile sonst später das Aquarienwasser trüben. Für den Fall, dass Panzerwelse oder Zwergbuntbarsche in dem Becken leben sollen, empfiehlt es sich – zumindest an einigen Stellen – etwas Kies auszusparen und stattdessen eine etwa 2 cm dicke Schicht aus gut gewaschenem groben Sand (Korngröße 1-2 mm) einzubringen, weil die Tiere sich auf diesem Untergrund besonders wohlfühlen und dort auch gern ihr Futter suchen. Bepflanzen lassen sich solche Bereiche allerdings nur schlecht, weil die meisten Pflanzen in Sand nicht gut wachsen.

Aufgebundene Pflanzen sorgen dafür, dass auch neu eingerichtete Aquarien sofort sehr dekorativ wirken.

Setzen Sie die Fische erst in das neu gestaltete Becken, wenn der Filter richtig eingefahren und die Wasserqualität optimal ist.

den Filter und alle benötigten Schläuche. Bringen Sie das Thermometer so an, dass es möglichst unauffällig, aber dennoch gut ablesbar ist.

6. Dekorieren Sie das Becken mit Steinen und Holz. Versuchen Sie die Gegenstände so anzuordnen, dass beispielsweise eine Wurzel den Innenfilter oder Stabheizer zumindest teilweise verdeckt. Sollen mehrere Steine aufeinandergestapelt werden, empfiehlt es sich, sie mit Silikon zu verkleben (gut trocknen lassen!), damit die Konstruktion nicht einstürzen kann und so vielleicht Fische verletzt oder das Becken beschädigt.

7. Befüllen Sie das Becken etwa zur Hälfte mit Wasser. Benutzen Sie dafür nach Möglichkeit einen Schlauch, und halten Sie diesen auf einen Stein oder gegen die Beckenscheiben, damit möglichst wenig Bodengrund aufgewirbelt wird.

4. Lässt man den Bodengrund nach hinten leicht ansteigen, wirkt ein Becken natürlicher, weil der Eindruck einer Uferregion vermittelt wird. Außerdem sammelt sich der anfallende Mulm im Beckenvordergrund, wo er sich normalerweise leichter absaugen lässt. In größeren Becken kann es sinnvoll sein, den Bodengrund durch Terrassierung etwas zu strukturieren. Dies lässt sich durch längliche Steine verwirklichen, die man noch vor dem Einfüllen des Bodengrundes auf den Beckenboden legt, oder mit sogenannten Terrassenmodulen aus dem Fachhandel, die man am besten mit Silikonkleber auf dem Beckenboden fixiert.

5. Befestigen Sie den Heizstab an der Beckenrückwand und installieren Sie

8. Setzen Sie anschließend die Pflanzen ein, wobei Sie darauf achten sollten, dass später einige größere Exemplare den Innenfilter oder die Schläuche des Außenfilters und den Stabheizer verdecken. Im Beckenvordergrund sollten nur niedrige Pflanzen wachsen, damit dort ausreichend Schwimmraum für die Fische bleibt und man die Tiere gut beobachten kann. Pflanzen mit einer gestreckten Sprossachse (Stängelpflanzen), die beim Kauf zumeist unbewurzelt sind, kann man mit einem kleinen Stein beschweren, der so auf den unteren Teil des Stängels gelegt wird, dass mehrere Knoten auf dem Bodengrund liegen, weil sich an diesen Stellen neue Wurzeln bilden. Arten mit einer Blattrosette, die normalerweise in kleinen Töpfchen oder Körbchen mit Steinwolle angeboten werden, löst

man vorsichtig aus ihrem Behälter und schneidet die Wurzeln dann mit einer scharfen Schere auf etwa 3 cm Länge zurück. Anschließend bohrt man mit zwei Fingern ein Loch in den Bodengrund und setzt die Pflanze dort so ein, dass der Wurzelhals frei bleibt. Damit stets ausreichend Nährstoffe für die Pflanzen zur Verfügung stehen, kann man später im Fachhandel erhältliche Flüssigdünger oder Düngekugeln einsetzen.

9. Füllen Sie das Becken nun vollständig mit Wasser und legen Sie die Abdeckung mit der Beleuchtung auf. Schalten Sie den Filter, die Heizung und die Beleuchtung an. Filter und Heizung müssen von nun an ständig laufen, das Licht sollte etwa zehn Stunden täglich angeschaltet bleiben.

10. Warten Sie mit dem Einsetzen der Fische, bis sich die nützlichen Bakterien im Filter angesiedelt haben (siehe „Praxis"). Erst dann ist gewährleistet, dass sich die Wasserqualität durch den Stoffwechsel der neuen Bewohner nicht plötzlich so stark verschlechtert, dass es zu einer Gesundheitsgefährdung der Tiere kommt.

Praxis   Den Filter einfahren

Damit sich in einem neu installierten Aquarienfilter nützliche Mikroorganismen ansiedeln können, müssen einige Regeln befolgt werden. Der wohl wichtigste Faktor ist Geduld, denn es dauert einige Zeit (zwei bis vier Wochen), bis die erwünschten Mikroorganismen, die in Spuren überall vorhanden sind, die für die Wasseraufbereitung erforderlichen dichten Bakterienrasen gebildet haben. Vorher sollte man keine Fische einsetzen, denn es könnten noch zu hohe Nitritwerte vorhanden sein, die den Tieren schaden. Beschleunigen lässt sich diese Startphase dadurch, dass man Filtermaterial aus einem gut eingefahrenen Aquarium nimmt und den neuen Filter damit animpft; außerdem gibt es im Fachhandel spezielle Produkte, die das Einfahren eines Filters beschleunigen.

Der Beckenvordergrund sollte mit kleinwüchsigen Pflanzen gestaltet werden, damit später ausreichend Schwimmraum für die Fische bleibt.

Mittelamerikabecken

In dem hier vorgestellten Becken sollen hauptsächlich Lebendgebärende Zahnkarpfen gehalten werden, von denen die beliebtesten Arten auf den Seiten 54 bis 57 vorgestellt wurden. Bei den meisten handelt es sich um robuste, vergleichsweise kleine Tiere, die ausgezeichnet für Anfänger geeignet sind.

Das Freilandbiotop

Die eigentliche Heimat der Lebendgebärenden Zahnkarpfen ist Amerika, wobei ihr Verbreitungsgebiet vom Süden der USA über Mittelamerika bis nach Argentinien reicht. Inzwischen findet man einige Arten, etwa den Guppy *(Poecilia reticulata)*, aber auch in anderen Erdteilen, wo diese Fische in tropischen und subtropischen Regionen zur Bekämpfung von Malaria übertragenden Moskitos ausgesetzt und dann schnell heimisch wurden.

Der typische Lebensraum Lebendgebärender Zahnkarpfen sind seichte, stark verkrautete Gewässer, wie man sie beispielsweise in den Tieflandregionen am Golf von Mexiko findet. Dort führen die zahlreichen Flüsse und Bäche zumeist mittelhartes bis hartes, leicht alkalisches, träge fließendes Wasser, und solche Bedingungen bevorzugen die Tiere auch im Aquarium. In der Natur ernähren sich die meisten Arten hauptsächlich von Insekten und Insektenlarven, verschmähen aber auch zusätzlich pflanzliche Nahrung nicht, was man bei der Fütterung berücksichtigen sollte. Ansonsten kann man die Tiere mit herkömmlichem Flocken-, Gefrier- und Lebendfutter ernähren.

Einrichtung des Aquariums

Viele der kleineren lebendgebärenden Arten, etwa Guppys oder Platys, können schon in kleinen Aquarien gehalten werden, etwa in einem Becken mit den Maßen 60 x 30 x 30 cm (entspricht ca. 54 l); für die sehr aktiven und auch etwas größeren Schwertträger sollte das Becken aber geräumiger sein. Gerade für die Haltung von Lebendgebärenden Zahnkarpfen können die sogenannten Einsteiger- oder Aquarien-Komplett-Sets, wie sie der Handel besonders für Anfänger anbietet, durchaus eine gute Wahl sein. Solche Sets enthalten neben dem Aquarium noch Filter, Heizung, Beleuchtung, Wasseraufbereitungsmittel und oft sogar Fischfutter sowie ein Aquarienbuch. Typische Größen sind Becken mit einer Länge von 60 cm (54 l) oder 80 cm (96 l).

Wie bereits erwähnt, bevorzugen die meisten Lebendgebärenden Zahnkarpfen mittelhartes bis hartes Wasser mit einem neutralen bis leicht alkalischen pH-Wert, und das kommt in vielen Ge-

In einem Aquarium mit Lebendgebärenden Zahnkarpfen stellt sich normalerweise schnell der erste Nachwuchs ein.

genden Deutschlands aus der Leitung, sodass eine Aufbereitung nicht nötig ist. Vorsichtshalber sollten Sie sich aber über die genauen Werte informieren oder pH-Wert und Härtegrad mit handelsüblichen Tests ermitteln.

Pflanzen

Da viele Lebendgebärende Zahnkarpfen gern Pflanzen abnagen, sollte man möglichst harte, unverwüstliche Gewächse auswählen. Wichtig ist aber auch, dass schnell dichte Bestände gebildet werden, in denen beispielsweise Guppyweibchen, die fast unablässig von den Männchen verfolgt werden, vorübergehend Schutz suchen können, ebenso wie Jungfische, die nach der Geburt sofort ausreichend Versteckmöglichkeiten benötigen. Außerdem empfiehlt es sich, Schwimmpflanzen einzusetzen, beispielsweise die Muschelblume *(Pistia stratiotes)*, zwischen deren Schwimmwurzeln und Blättern besonders die Nachkommen der Lebendgebärenden Zahnkarpfen gern Zuflucht suchen. Diese Pflanzen müssen aber regelmäßig ausgedünnt werden, weil sonst zu wenig Licht ins Becken fällt.

In Amerika heimische Aquarienpflanzen, die man regelmäßig im Handel bekommt, sind Pfeilkräuter, etwa das Breitblättrige Pfeilkraut *(Sagittaria platyphylla)* für den Hintergrund und das Kleine Pfeilkraut *(Sagittaria subulata)* für den Beckenvordergrund. Ebenfalls geeignet sind Wasserschrauben (Vallisnerien), etwa die Amerikanische Wasserschraube *(Vallisneria americana* var. *americana)*. Zwar nicht in Amerika heimisch, aber als Versteck für Jungfische gut geeignet ist das Javamoos *(Vesicularia dubyana)*, das sich auch gut aufbinden lässt.

Links: Das Kleine Pfeilkraut bietet Versteckmöglichkeiten für den Nachwuchs der Lebendgebärenden Zahnkarpfen.

Unten: Guppys und ihre Zuchtformen passen gut ins Mittelamerikabecken.

Südamerikabecken

In diesem Becken, das einem Gewässer aus dem Amazonasgebiet nachempfunden ist, sollen vor allem Salmler gehalten werden, von denen man stets eine große Zahl im Handel findet. Die meisten Arten sind problemlose Pfleglinge, sodass sie sich auch für Einsteiger eignen. Das Aquarium ist aber auch für die Pflege von Buntbarschen geeignet. Dazu gehören die beliebten, vergleichsweise kleinen Zwergbuntbarsche (siehe S. 58), aber auch Arten wie Skalare oder Diskusbuntbarsche.

Das Freilandbiotop

Wegen der Äquatornähe herrscht im Amazonasgebiet ein feuchtheißes tropisches Klima mit einer mittleren Jahrestemperatur von 26 °C und jährlichen Niederschlägen von bis zu 3000 mm, die vor allem während der Regenzeit fallen. Geprägt wird diese Region außerdem durch den riesigen Amazonas und sein gewaltiges Wassereinzugsgebiet, das auf fast acht Millionen Quadratkilometer geschätzt wird und von denen rund 80 Prozent mit immergrünem Regenwald bedeckt sind. Der Amazonas selbst ist insgesamt über 6500 km lang und zusammen mit seinen Zuflüssen so wasserreich, dass dort schätzungsweise ein Fünftel aller Süßwasserreserven der Erde gespeichert sind.

Allerdings besteht dieses riesige Wassernetz nicht aus einheitlichen Gewässern, sondern man kann drei verschiedene Typen unterscheiden. So gibt es zumeist die sogenannten Weißwasserflüsse, zu denen auch der Amazonas selbst gehört, die viele anorganische Schwemmstoffe mitführen und deren Wasser daher sehr trüb ist. Daher kann nur wenig Licht in die Gewässer einfallen, sodass dort kaum Pflanzen wachsen und auch kein Phytoplankton, also jene winzigen Algen und andere, passiv im Wasser treibende, fotosynthetisch aktive Organismen, die am Anfang der Nahrungskette vieler Fische oder deren Beutetiere stehen. Der pH-Wert der Gewässer liegt normalerweise im neutralen oder leicht sauren Bereich. Die zweite Gruppe, die Klarwasserflüsse, sind dagegen kaum getrübt, aber dafür arm an Mineralsalzen, sodass es dort ebenfalls kaum Phytoplankton

Zierfische aus Südamerika sind bei Aquarianern besonders beliebt.

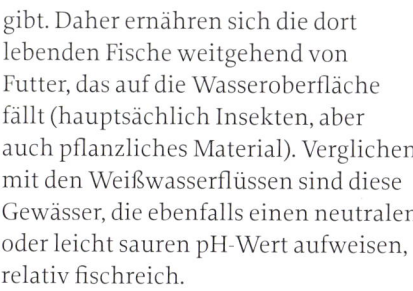

gibt. Daher ernähren sich die dort lebenden Fische weitgehend von Futter, das auf die Wasseroberfläche fällt (hauptsächlich Insekten, aber auch pflanzliches Material). Verglichen mit den Weißwasserflüssen sind diese Gewässer, die ebenfalls einen neutralen oder leicht sauren pH-Wert aufweisen, relativ fischreich.

Der letzte Typ ist das kaffeebraune bis fast teerfarbene Schwarzwasser, das einen hohen Gehalt an Huminsäuren aufweist, die von zersetztem organischem Material stammen, das im Regenwald in großen Mengen anfällt und natürlich auch in die Gewässer gelangt. Aufgrund der hohen Huminsäurekonzentration und des gleichzeitig geringen Mineralstoffgehalts haben vor allem kleine Schwarzwasserflüsse nicht selten einen pH-Wert von unter 4,0, sind also außerordentlich lebensfeindlich. In größeren Flüssen mit Schwarzwasser liegt der pH-Wert mit bis zu 6,0 oder gar 6,5 dagegen häufiger deutlich höher, sodass dort auch mehr Fische zu finden sind.

Alles in allem bietet aber keiner der drei Gewässertypen ideale Bedingungen für Fische, sodass der Fischreichtum

dieser Region kaum zu erklären wäre. Immerhin gibt es dort nach Schätzungen mehr als 2000 Arten, während in den europäischen Flüssen insgesamt nur etwa 50 verschiedene Fische vorkommen. Erklären lässt sich diese Artenvielfalt vor allem durch die sogenannten Mischwasserzonen, die sich im Mündungsbereich von Flüssen oder Bächen bilden, die unterschiedliches Wasser führen. An solchen Stellen ist das Wasser dann nicht nur deutlich weniger trüb, sondern es sind außerdem ausreichend Mineralstoffe vorhanden, sodass es dort ausreichend Phytoplankton gibt, von dem sich beispielsweise Insekten und deren Larven ernähren können, die dann wiederum eine ausgezeichnete Nahrungsgrundlage für viele Fische bilden. Solche Mischwasserzonen findet man aber nicht nur an Zusammenflüssen unterschiedlicher Gewässer, sondern auch in den unzähligen Überschwemmungsgebieten, die während der Regenzeit entstehen, sowie in den Restwassertümpeln, die beim Abfließen des Hochwassers zurückbleiben, und von denen man einen Ausschnitt in einem Südamerikabecken nachbilden könnte.

Linkes Bild: Diskus leben im Amazonasgebiet.

Rechtes Bild: Der Zusammenfluß von Schwarz- und Weißwasser.

Einrichtung des Aquariums

Die meisten Salmler sind zwar vergleichsweise klein, aber da es sich in aller Regel um Schwarmfische handelt, die man auch tatsächlich in einer größeren Gruppe halten sollte, weil sich die Tiere nur dann wirklich wohlfühlen und auch deutlich besser zur Geltung kommen, sollte man sich für ein geräumiges Becken entscheiden. Ist das Aquarium für die Haltung von Diskusfischen und Skalaren vorgesehen, sollte es außerdem möglichst hoch sein, weil diese Buntbarsche nicht die typische lang gestreckte Form der meisten Fische haben, sondern einen scheibenförmigen Körper. Zu berücksichtigen ist dabei, dass hohe Becken mit einer sehr leistungsfähigen Beleuchtung ausgestattet werden müssen, weil Wasser vergleichsweise viel Licht absorbiert. Andernfalls bekommen zumindest die niedrigen Vordergrundpflanzen nicht genug Licht.
Sollen in dem Südamerikabecken hauptsächlich Zwergbuntbarsche leben, von denen man normalerweise ein Paar oder nur wenige Tiere hält, kann das Becken aber auch kleiner sein. Bei der Haltung von Zwergbuntbarschen oder Panzerwelsen muss das Aquarium auf jeden Fall teilweise mit einem Sandboden ausgestattet werden. Da ein solcher Boden kein gutes Wachstum der meisten Pflanzen zulässt, kann man aber auch Bereiche mit Kiesuntergrund anlegen und diese dann bevorzugt bepflanzen. Für die Haltung von Salmlern ist dunkler Bodengrund zu empfehlen, denn dieser bringt die leuchtenden Farben besonders gut zur Geltung. Eine weitere wichtige Voraussetzung für die Pflege von Zierfischen aus dieser Region ist leicht saures, weiches Wasser, sodass man eventuell im Handel erhältliche Wasseraufbereitungsmittel einsetzen oder aber über Torf filtert muss, um pH-Wert und Wasserhärte entsprechend zu korrigieren. Richtwerte sind: pH-Wert 6,0-7,0 und eine Gesamthärte von höchstens 10°.

Info | Die Bepflanzung

Auch wenn die Gewässer im Amazonasgebiet nicht immer sehr pflanzenreich sind, sollte man bei der Haltung von Salmlern auf eine teilweise dichte Bepflanzung des Beckens nicht verzichten. Einer der Gründe dafür ist, dass die kleinen Fische nicht nur während der Nacht, sondern auch tagsüber immer wieder Ruhephasen einlegen, in denen sogar der Stoffwechsel etwas gedrosselt wird. Allerdings geschieht das normalerweise nur, wenn sich die Tiere in dieser Zeit zwischen Pflanzen verstecken können, wo sie sich einigermaßen sicher fühlen.

Pflanzen

Die typischen Pflanzen für ein Aquarium aus dem Amazonasgebiet sind Vertretung der Gattung *Echinodorus* und

Hohe Becken, in denen beispielsweise Skalare gehalten werden sollen, müssen mit einer besonders leistungsfähigen Beleuchtung ausgestattet werden, damit auch die kleinwüchsigen Vordergrundpflanzen, wie die Grasartige Zwergschwertpflanze, ausreichend Licht bekommen.

Helanthium, von denen es Arten für jeden Bereich des Beckens gibt. So eignet sich die nur 5-10 cm hohe Grasartige Zwergschwertpflanze (*Helanthium tenellum*) für den Vordergrund des Aquariums, während man die Breitblättrige Zwergschwertpflanze (*Helanthium bolivianum*) mit 15 bis 25 cm Länge gut für den Mittelgrund verwenden kann und die Große Schwertpflanze (*Echinodorus bleheri*) oder die Amazonas-Schwertpflanze (*Echinodorus amazonicus*), die beide bis 50 cm hoch werden, für den Beckenhintergrund.

Weitere, in Südamerika heimische Arten für den Aquarienmittel- und -hintergrund sind das Kleine Fettblatt (*Bacopa monnieri*), die Feinfiedrige Haarnixe (*Cabomba aquatica*), die Dichtblättrige Wasserpest (*Egeria densa*), die allerdings keine allzu hohen Temperaturen verträgt, sodass sie beispielsweise für ein Becken mit Diskusfischen ungeeignet ist, oder das Brasilianische Tausendblatt (*Myriophyllum aquaticum*).

Für den Vordergrund kann man außerdem die Brasilianische Graspflanze (*Lilaeopsis brasiliensis*) einsetzen, die nicht höher als 10 cm wird, oder das

nur wenig größere Kleine Pfeilkraut (*Sagittaria subulata*). Wem es nichts ausmacht, das Becken mit Arten zu bepflanzen, die aus anderen Regionen stammen, dem seien die in Nord- und Mittelamerika heimischen, schilfartigen Wasserschrauben (*Vallisneria* spp.) empfohlen, vor allem für Becken mit Skalaren oder Diskusfischen, denn diese schwimmen mit ihren abgeplatteten Körpern gern zwischen den langen, schmalen Blättern umher. Außerdem beschatten die langen Blätter Teile des Beckens, was die Färbung vieler Arten besser zur Geltung bringt. Aber auch der Brasilianische Wassernabel (*Hydrocotyle leucocephala*), der bei ausreichendem Nährstoffangebot schnell zur Wasseroberfläche wächst und dort hellgrüne Schwimmblätter bildet, kann für diesen Zweck eingesetzt werden.

Oben: Viele Zwergbuntbarsche, wie dieser Kakadu-Zwergbuntbarsch, sind nicht nur auffallend hübsch gefärbt, sondern zeigen außerdem ein interessantes Brutpflegeverhalten.

Links: Zahlreiche Zierfische legen auch während des Tages gern eine Ruhepause ein, während der sich zumeist zwischen Pflanzen verstecken. Die Argentinische Wasserpest bildet rasch dichte Bestände.

Südostasienbecken

Wer sich ein Aquarium einrichten möchte, in dem nur während der Dunkelheit etwas Ruhe einkehrt, sollte über ein Becken mit Barben und Bärblingen nachdenken. Viele Arten aus dieser Gruppe sind außerdem sehr hübsch gefärbte, recht unproblematische Pfleglinge, die seit Jahrzehnten zu den beliebtesten Zierfischen gehören. Daher ist etwa die Nachbildung eines Bachlaufes in Südostasien auch ein Blickfang für jede Wohnung. Man kann ein Becken aus dem asiatischen Raum aber auch ganz anders gestalten, indem man beispielsweise einen Bewässerungskanal in einem thailändischen Reisanbaugebiet nachbildet, in dem man eher ruhige Labyrinthfische hält.

Das Freilandbiotop

Die meisten der im Handel angebotenen Barben und Bärblinge stammen aus Süd- und Südostasien, wo sie die Gewässer in ähnlicher Weise prägen wie

Salmler – die in diesem Teil der Erde nicht vorkommen – die Bäche, Flüsse und Seen in Südamerika (in denen es wiederum keine Barben und Bärblinge gibt). In ihrer asiatischen Heimat leben die größtenteils sehr aktiven Fische in den unterschiedlichsten Gewässern, angefangen bei schnell fließenden Gebirgsbächen über ruhige Flussläufe bis hin zu Seen und Teichen.

Dort halten sich die meisten Bärblinge eher in den oberen Wasserregionen auf, während Barben normalerweise die Bodennähe bevorzugen, um dort nach Futter zu suchen. Dieses sogenannte Gründeln behalten die meisten Arten auch im Aquarium bei. Durch den aufgewirbelten Mulm wirken Becken mit Barben selten so klar und sauber wie beispielsweise ein Aquarium mit Salmlern. Wer allerdings Wert auf ein naturnah eingerichtetes Becken legt, sollte sich daran nicht stören, denn in ihrem natürlichen Lebensraum bevorzugen vor allem Barben eher Biotope mit einem schlammigen Bodengrund.

Die meisten Barben und Bärblinge fühlen sich nur in Anwesenheit von Artgenossen wirklich wohl.

Labyrinthfische haben sich dagegen auch noch ganz andere Lebensräume erobert, denn sie können dank ihrer Zusatzatmung (siehe S. 64) in Gewässern mit vergleichsweise niedrigem Sauerstoffgehalt leben. Ein Beispiel dafür sind die Bewässerungsgräben in Reisfeldern. Reis lässt sich nur in Regionen anbauen, in denen während der Vegetationsperiode Temperaturen von 25-30 °C herrschen und zudem ausreichend Wasser zur Verfügung steht, denn Reispflanzen verdunsten sehr viel Flüssigkeit. Um eine optimale Ernte zu erzielen, ist es daher üblich, die Reisfelder künstlich zu bewässern, was in vielen Gegenden Südostasiens dadurch geschieht, dass die Äcker nach dem Auspflanzen der Setzlinge sukzessive etwa 15-30 cm hoch geflutet werden. Dadurch wachsen die Reispflanzen in dem sich bildenden Schlamm wie in einer Nährlösung, und es sind bis zu drei Ernten pro Jahr möglich. Nach der Blüte wird der Wasserstand dann langsam abgesenkt, sodass die Felder zur Erntezeit wieder trockenliegen. Damit dieser ständige Wechsel von gefluteten und trockengelegten Äckern möglich ist, sind die meisten Reisfelder von Bewässerungskanälen umgeben, über die der Zu- und Ablauf des Wassers geregelt werden kann. Normalerweise handelt es sich dabei um schlammige Gräben, in denen das Wasser die meiste Zeit des Jahres fast stillsteht, sodass es sehr schlecht durchlüftet ist. Solche sauerstoffarmen Bedingungen sind für die meisten Fische außerordentlich lebensfeindlich. Dagegen finden Labyrinthfische dank ihrer Zusatzatmung, mit deren Hilfe sie auch Luftsauerstoff verwerten können, in diesen trägen, oft stark verkrauteten Gewässern ideale Bedingungen vor, wobei sich ihr Lebensraum bei jeder Flutung der Felder um ein Vielfaches vergrößert. Und die Fische sind in den unter Wasser stehenden Reisfeldern sehr gern gesehen, da sie die Brut der Malariamücken kurzhalten.

Allerdings kommen Labyrinthfische nicht nur in sauerstoffarmen und damit relativ lebensfeindlichen Biotopen vor, sondern es gibt in Südostasien kaum ein Gewässer, in dem nicht Angehörige dieser Fischgruppe leben.

Der Blaue Fadenfisch – ein typischer Fische für das Südostasienbecken.

Einrichtung des Aquariums

Da Barben und Bärblinge sehr aktive Fische sind, die ausreichend freien Schwimmraum benötigen und zudem stets als Gruppe gehalten werden sollten, muss das Aquarium für die Nachbildung eines Bachlaufes in Südostasien etwas geräumiger sein, während

Barben, z.B. Messingbarben, halten sich vorzugsweise in Bodennähe auf, um dort nach Futter zu suchen.

viele Labyrinthfische auch in kleineren Becken leben können. Da viele Barben gern gründeln und dabei ständig den am Boden abgesetzten Mulm aufwirbeln, ist es sinnvoll, einen kräftigen Außenfilter anzuschließen, der für eine gute mechanische Reinigung sorgt, indem er den gesamten Beckeninhalt pro Stunde etwa zweimal umwälzt und auf diese Weise viel Schmutz beseitigt. Allerdings sollte eine dünne Mulmschicht in Aquarien mit Barben nie ganz fehlen, damit die Fische dort Substanzen aufnehmen können, die für ihr Wohlbefinden augenscheinlich nützlich sind.

Bei einem Becken mit Labyrinthfischen muss man darauf achten, dass die Tiere immer freien Zugang zur Wasseroberfläche bekommen, weil sie sonst eingehen (bei Verwendung einer Abdeckscheibe aus Glas muss darunter ein ausreichend großer Luftraum bleiben). Wichtig ist aber auch, dass der Filter keine zu starke Strömung erzeugt, in der sich langflossige Arten wie Kampffische nur schlecht bewegen können. Außerdem erschwert die ständige Wasserbewegung den Nestbau der Tiere oder macht ihn sogar unmöglich (siehe S. 64).

Für Barben ist zumindest in Teilen ein weicher Sandboden zu empfehlen; für Bärblinge, aber auch für Labyrinthfische, die sich überwiegend in den oberen Wasserzonen aufhalten, spielt die Art des Bodens kaum eine Rolle. Am sinnvollsten ist die Ausstattung des Beckens mit Kies, in dem die Pflanzen normalerweise besser wachsen. Sowohl die meisten Barben und Bärblinge als auch die Mehrzahl der Labyrinthfische können in weichem bis mittelhartem Wasser und bei einem etwa neutralen pH-Wert gepflegt werden.

Pflanzen

Aus Asien stammende Pflanzen für den Beckenmittel- und -hintergrund sind die Langblättrige Barclaya (*Barclaya longifolia*), das Kirschblatt (*Hygrophila corymbosa*), der Indische Wasserstern (*Hygrophila difformi*) und die Gewöhnliche Wasserschraube (*Vallisneria spiralis*). Für die Bepflanzung des Aquarienvordergrundes kann man Becketts Wasserkelch (*Cryptocoryne beckettii*) oder den Wendtschen Wasserkelch (*Cryptocoryne wendtii*) verwenden. Obwohl viele Barben und Bärblinge ihre Eier gern zwischen feinblättrigen Gewächsen ablegen, wurden solche Pflanzen hier nicht berücksichtigt. Der Grund ist, dass der Schmutz, den viele Barben beim Gründeln aufwirbeln, schnell die zarten Blattfieder zusetzt, was nicht nur sehr unschön aussieht, sondern auch die Pflanzen schädigt.

Da viele Labyrinthfische ihre an der Wasseroberfläche gebauten Schaumnester gern an Wasserpflanzen verankern, sollten einige der eingesetzten Arten bis an die Wasseroberfläche reichen. Man kann aber ebensogut einige Schwimmpflanzen verwenden. Das könnte beispielsweise ein Karolina-Moosfarn (*Azolla caroliniana*) sein, der aus Amerika stammt, heute fast überall in den Tropen vorkommt und den man auch oft in asiatischen Reisfeldern findet, weil er dort zur Düngung

Der schnell wachsende Moosfarn wird in Reisfeldern zur Gründüngung eingesetzt.

eingesetzt wird, da er mithilfe symbiontischer Cyanobakterien Luftstickstoff bindet. Wird das Wasser später aus den Feldern wieder abgelassen, bleiben die meisten Pflanzen zurück, verrotten und düngen so den Boden (Stickstoffgründüngung).

In einem Aquarium muss der Moosfarn regelmäßig ausgedünnt werden, weil das Becken sonst schnell zugewuchert wird. Aber nicht nur in Becken mit Labyrinthfischen lässt sich diese Pflanze verwenden, sondern auch zur Schattierung in Aquarien mit Barben und Bärblingen, die sich in zu hellen Becken nicht sehr wohlfühlen, was sich häufig an einer schwächer ausgebildeten Färbung zeigt.

Ostafrikabecken

Buntbarsche aus dem Malawi- und Tanganjikasee erfreuen sich seit einigen Jahren immer größerer Beliebtheit, sodass Arten aus diesen beiden afrikanischen Seen heute in fast allen Zoohandlungen zu finden sind. Allerdings sind die Tiere nicht für ein herkömmliches Gesellschaftsbecken geeignet, weil in ihren Heimatgewässern ganz spezielle Bedingungen herrschen.

Das Freilandbiotop

Der Malawi- und Tanganjikasee sind dadurch entstanden, dass sich der afrikanische Kontinent im Ostafrikanischen Grabenbruch, einer über 6000 km langen tektonischen Störungszone, die sich von Nordafrika bis zum Sambesi erstreckt, aufzuspalten beginnt und dadurch an einigen Stellen tiefe Einschnitte hinterlassen hat. Beide Gewässer sind im Vergleich zu mitteleuropäischen Seen geradezu riesig. So hat der Tanganjikasee eine Länge von 650 km eine Breite von bis zu 80 km und eine Tiefe von bis zu 1470 m, und

der Malawisee ist mit einer Länge von 550 km, einer Breite von 80 km und einer Tiefe von über 700 m nicht wesentlich kleiner.

Ungewöhnlich ist aber auch die Wasserbeschaffenheit. Das gilt vor allem für den pH-Wert, denn das Wasser im Malawi- und Tanganjikasee ist stark alkalisch, während die meisten afrikanischen Gewässer leicht saures Wasser aufweisen. Und weil das selbst für die einmündenden Flüsse gilt, konnten sich die in den Seen lebenden Tiere während ihrer jahrtausendelangen Entwicklung nicht weiter ausbreiten, sodass man die Buntbarsche, für die diese beiden Gewässer berühmt sind, auch nur dort und nirgendwo sonst auf der Erde findet.

Aber die Seen, deren Alter auf über zehn Millionen Jahre geschätzt wird, waren über längere Zeiträume ihrer Geschichte nicht nur weitgehend isoliert, sondern es gab dort auch immer wieder starke Wasserstandsschwankungen, sodass sich zwischenzeitlich aus den lang gestreckten, aber vergleichsweise schmalen Gewässern mehrere kleinere

In einem Becken mit Buntbarschen aus den großen ostafrikanischen Seen sollten unbedingt Steinaufbauten mit Versteckmöglichkeiten für die Fische vorhanden sein.

Seen bildeten, in denen sich einzelne Fischgruppen isoliert entwickelten. Daher ist der Artenreichtum in beiden Seen auch vergleichsweise groß.

Die meisten Buntbarsche leben im Uferbereich der Seen, der recht unterschiedlich gestaltet sein kann. So gibt es dort neben Sand- und Sumpfufern vor allem Steilküsten, an die sich eine mehr oder weniger ausgedehnte Flachwasserzone anschließt. In einigen Fällen besteht diese nur aus einem schmalen Streifen mit steinigem Untergrund und wenigen großen Felsbrocken, aber weit häufiger sind breite Flachwasserzonen mit Gerölluntergrund, wo viele Fische gute Lebensbedingungen vorfinden. Normalerweise ist das Wasser in einer solchen Zone nicht tiefer als 2 m und der Boden dicht mit unzähligen kleineren und größeren Steinen bedeckt, zwischen denen sich die Fische gut verstecken können. Außerdem wird das Wasser durch eine kräftige Dünung ständig in Bewegung gehalten, sodass es dort sehr sauerstoffreich und vor allem klar ist. Dadurch kann das Licht selbst in größeren Tiefen vordringen, sodass die Felswände und Steine dicht von Algen bewachsen sind, die von vielen Buntbarschen mitsamt den darin lebenden Organismen gern abgeweidet werden (höhere Pflanzen können sich hier kaum ansiedeln).

Einrichtung des Aquariums

Für das Ostafrikabecken bildet man am besten einen Felsenuferbereich mit Geröllzone nach. Da zahlreiche Arten aus diesen Gewässern ein Revier bilden bzw. sehr aktiv sind und daher viel freien Schwimmraum brauchen, muss das Aquarium möglichst geräumig sein. Für den Beckenhintergrund ist eine im Becken anzubringende Felsmotiv-

Reliefrückwand (S. 90) zu empfehlen; außerdem müssen einige Steinaufbauten mit Verstecken für die Fische vorhanden sein. Dabei kann es sich um Schieferplatten oder andere Steine handeln, die sich gut stapeln und verkleben lassen. Weil keine Pflanzen eingesetzt werden, kann als Bodengrund feiner Sand benutzt werden.

Da sich sowohl der Malawi- als auch Tanganjikasee durch sehr klares und sauerstoffreiches Wasser auszeichnen, sollte man einen sehr leistungsfähigen Filter einsetzen, der für eine gute mechanische Reinigung und eine kräftige Strömung sowie für eine Anreicherung des Wassers mit Sauerstoff sorgt. Wenn nötig, kann dazu ein sogenannter Diffusor am Filterauslauf angebracht werden (siehe S. 27), der für eine zusätzliche Luftzufuhr sorgt. Das Wasser sollte mittelhart bis hart sein und einen pH-Wert zwischen 7,5 bis 8,5 aufweisen, also deutlich im alkalischen Bereich liegen. Zwar sind die Bedingungen im Malawi- und Tanganjikasee recht ähnlich, aber weil die Bewohner der beiden Gewässer vom Verhalten her oft nicht gut zueinander passen, ist es nicht unbedingt anzuraten, Arten aus den beiden Seen miteinander zu vergesellschaften.

Viele der ostafrikanischen Buntbarsche – hier ein Zebrabuntbarsch – sind nicht nur hübsch gefärbt und gezeichnet, sondern viele zeigen außerdem ein interessantes Brutverhalten.

Neuguineabecken

In diesem Becken, in dem man beispielsweise einen Flusslauf in Neuguinea nachbilden könnte, sollen Regenbogenfische leben, die seit einigen Jahren in immer größerer Zahl in den Zoofachhandlungen zu finden sind.

Die zum Teil prachtvoll gefärbten Regenbogenfische sind heute in fast jeder Zoofachhandlung zu bekommen.

Info   Zierfischzucht

Die meisten Süßwasserzierfische werden heute nicht mehr in ihrem natürlichen Lebensraum gefangen (was aufgrund bestehender Gesetze in vielen Fällen auch nicht mehr möglich wäre), sondern in speziellen Zuchtbetrieben vermehrt, sodass die Heimatgewässer keinen Schaden nehmen. Diese „Fischfarmen" findet man hauptsächlich in warmen Regionen, etwa in Florida, Singapur, Hongkong oder Ost- und Südafrika, wo man die Tiere kostengünstig in Freilandteichen halten kann. Aufgrund der großen Nachfrage gibt es aber inzwischen auch in vielen europäischen Ländern größere Zuchtstationen.

Das Freilandbiotop

Regenbogenfische kommen fast ausschließlich auf Neuguinea und in Nord- oder Ostaustralien vor. Und obwohl in ihrem Verbreitungsgebiet größtenteils tropisches Klima herrscht, gibt es dort – verglichen mit anderen Tropengebieten – erstaunlich wenige Fischarten. In ihrer Heimat leben Regenbogenfische in den unterschiedlichsten Gewässern, von Flüssen über Bäche und Kanäle bis hin zu Seen, Sümpfen und Tümpeln. Dort ernähren sie sich zu einem großen Teil von Insekten, die auf die Wasseroberfläche fallen, sie fressen aber auch Wasserinsekten und deren Larven sowie in kleineren Mengen Algen. Ungewöhnlich ist auch die Tatsache, dass viele dieser Fische ein stark eingeschränktes Verbreitungsgebiet haben, also beispielsweise nur in einem einzigen See oder einem bestimmten Flussabschnitt vorkommen. Daraus ergab sich schon bald nach Einführung der oft sehr hübsch gefärbten Tiere in die Aquaristik ein großes Problem, denn wegen der schnell steigenden Nachfrage wurden solche Gebiete oft stark überfischt, sodass teilweise Exportbeschränkungen oder gar -verbote erlassen wurden. Glücklicherweise lassen sich aber viele Arten nachzüchten, sodass man dennoch eine recht große Auswahl im Handel findet.

Einrichtung des Aquariums

Da die meisten Regenbogenfische sehr schwimmfreudig sind und zudem unbedingt in Gruppen gehalten werden sollten, wird ein großes, gut gefiltertes Becken mit einer leichten Strömung benötigt. Bezüglich des pH-Wertes bevorzugen einige Arten leicht saures Wasser, während andere von Natur aus eher höhere pH-Werte gewohnt sind, sodass man bei der Vergesellschaftung der Fische gezielt auswählen muss. Viele Regenbogenfische, vor allem Nachzuchten, sind bezüglich der Wasserqualität aber sehr anpassungsfähig. Daher kann man die meisten bei Werten zwischen pH 6,5 und 7,5 halten. Als Bodengrund sollte Kies verwendet werden, weil dieser ein gutes Pflanzenwachstum ermöglicht, und bepflanzen sollte man ein Becken mit Regenbogenfischen auf jeden Fall, damit die Tiere ausreichend Versteckmöglichkeiten finden. Regebogenfische bevorzugen Lebendfutter, aber die meisten Tiere nehmen auch handelsübliches Gefrier- oder Flockenfutter (besonders die heute fast überall angebotenen Nachzuchten).

Pflanzen

Da im Zoofachhandel kaum Aquarienpflanzen aus der eigentlichen Heimat der Regenbogenfische erhältlich sind, muss man auf Arten aus anderen Regionen zurückgreifen. Wer die Mühe nicht scheut, könnte eine der schönsten, aber auch nicht ganz pflegeleichten Aquarienpflanzen einsetzen: die Gitterpflanze (*Aponogeton madagascariensis*), die aus Madagaskar stammt. Wie der Name bereits andeutet, hat die Art gitterartig durchbrochene Blätter, weil sich das Gewebe zwischen den Blattnerven auflöst. Dies ist aber nicht die einzige Besonderheit, sondern die meisten *Aponogeton*-Arten legen zudem regelmäßige Ruhephasen ein, bei denen die Blätter völlig eingezogen werden. Um einen kräftigen Wiederaustrieb zu ermöglichen, nimmt man die Knollen am besten aus dem Becken und steckt sie in eine Schale mit feuchtem Kies. Diese stellt man kühl und dunkel (10-18 °C) und kontrolliert regelmäßig die Feuchtigkeit, aber auch, ob vielleicht schon neue Austriebe zu erkennen sind. Ist das der Fall (oft dauert es bis zu zwei Monate), setzt man die Knollen wieder ins Aquarium, wo die Pflanzen dann schon bald neue Blätter bilden. Lässt man die Knollen während der Ruhephase im Becken, verfaulen sie häufig.

Der Lachsrote Regenbogenfisch ist in Neuguinea heimisch.

Nano-Aquarien

Nano-Aquarien (das griechische Wort *nanos* bedeutet „Zwerg") erfreuen sich seit einigen Jahren immer größerer Beliebtheit. Gemeint sind damit Becken, die noch etwas kleiner sind als die Einsteiger- oder Aquarien-Komplett-Sets, die normalerweise ein Fassungsvermögen von mindestens 54 l besitzen. Der Umstand, dass sich solche Becken gut zur Haltung von Garnelen eignen, die in einem größeren, mit Fischen besetzten Aquarium kaum zur Geltung kommen, hat sicher viel zur Verbreitung dieser Becken beigetragen.

Größe und Ausstattung

Mittlerweile bietet der Handel eine Reihe von Becken unterschiedlicher Größe sowie zahlreiche Komplett-Sets an, die gleich mit einem Filter und einer Beleuchtung ausgestattet sind. Wenn Sie selbst einen Filter auswählen, darf dieser nicht zu stark sein, weil sonst vor allem Jungtiere angesaugt und getötet werden. Daher werden Nano-Aquarien auch oft mit luftbetriebenen Schwammfiltern ausgestattet, wie man sie auch für Zuchtbecken verwendet (siehe S. 12/13). Eine Heizung ist in der Regel nicht vorhanden, weil sich die meisten Garnelen bei Zimmertemperatur halten lassen (siehe unten). Es gibt aber auch spezielle Heizgeräte für Becken dieser Größe.

Typische Nano-Aquarien haben ein Fassungsvermögen zwischen zwölf und 36 Litern. Zwar gibt es auch noch kleinere Becken, die sich aber nicht mehr zur Haltung von Tieren eignen. Dafür kann man sie aber gut zur Gestaltung hübscher Pflanzenaquarien benutzen. Für die Pflege von Zierfischen sind aber auch die größeren Nano-Aquarien nach Ansicht der meisten erfahrenen

Dieses Nano-Aquarium ist einem afrikanischen Tümpel nachempfunden.

Aquarianer nur bedingt geeignet, auch wenn es Arten gibt, die von ihrer Größe her noch ausreichend Platz in solchen Becken finden würden, etwa Zwergbärblinge (*Boraras maculatus*), die nur etwa 2,5 cm lang werden. Daher wird hier im Zusammenhang mit Nano-Aquarien auch nur die Haltung von Garnelen behandelt.

Die kaum mehr als 2 cm großen Zwergbärblinge (*Boraras maculatus*) gehören zu den wenigen Fischen, die auch in Nanobecken noch ausreichend Platz finden.

Einrichtung

Ein Nano-Aquarium mit Garnelen wird zwar eingerichtet und gepflegt wie ein Becken mit Zierfischen, wobei man jedoch nicht vergessen darf, dass die Bedingungen umso stabiler und die Pflege umso einfacher ist, je größer ein Becken ist. Daher muss man bei einem Nano-Aquarium besonders darauf achten, dass es nicht zu dicht besetzt wird und dass man nicht zu viel füttert, weil dies schwerwiegende Folgen für die vergleichsweise kleine Wassermenge haben kann.

Für die etwa 5 cm dicke Bodengrundschicht sollte unbedingt ein möglichst dunkles Material gewählt werden, weil dies die Färbung der Garnelen viel besser zur Geltung bringt (helle oder fast durchsichtige Arten sind sonst oft kaum zu erkennen). Als Dekoration eignen sich kleine Moorkienholzwurzeln; außerdem empfiehlt es sich, regelmäßig etwas Herbstlaub von Buchen und Eichen einzubringen (wird im Herbst gesammelt und dann trocken aufbewahrt), denn Garnelen ernähren sich zum Teil von den Mikroorganismen, die an sich zersetzendem Pflanzenmaterial in großer Zahl vorhanden sind (Jungtiere lassen sich ohne dieses Futter kaum aufziehen). Außerdem verbessert das Laub durch Abgabe von Huminsäuren die Wasserqualität für die Garnelen.

Für die Bepflanzung in unbeheizten Becken eignet sich vor allem Javamoos (*Vesicularia dubyana*), das auch niedrige Temperaturen verträgt und sich zudem gut auf eine Wurzel aufbinden lässt. Außerdem sind im Handel sogenannte Mooskugeln erhältlich, bei denen es sich um kugelförmig wachsende Grünalgen handelt, auf denen die Garnelen gern umherklettern, und auch das langsam wachsende Korallenmoos (*Riccardia chamedryfolia*) findet man in letzter Zeit recht häufig in Zoohandlungen. Alle, die etwas ganz Besondere versuchen wollen, können auch einmal eine Wasserschlauchart (*Utricularia graminifolia*) in ein Nano-Aquarium ohne Heizung einsetzen, also eine sogenannte „fleischfressende Pflanze" (Karnivore), die kleine Fangblasen bildet, mit denen sie winzige Wasserlebewesen fängt (aber keine Garnelen und auch nicht deren Nachwuchs), um sich zusätzlich mit Nährstoffen zu versorgen.

Wird das Nano-Aquarium beheizt, kann man auch kleinwüchsige Pflanzen aus tropischen oder subtropischen Regionen verwenden, etwa das Kleine Pfeilkraut (*Sagittaria subulata*, siehe S. 84), die Brasilianische Graspflanze (*Lilaeopsis brasiliensis*, siehe S. 83), die Grasartige Zwergschwertpflanze (*Helanthium tenellum*, siehe S. 81) oder Becketts Wasserkelch (*Cryptocoryne beckettii*, siehe S. 79).

Zwerggarnelen wie diese „Red Bee" sind untereinander sehr verträglich und lassen auch ihren Nachwuchs unbehelligt.

Beliebte Garnelen für ein Nano-Aquarium

Für Nano-Aquarien eignen sich am besten Zwerggarnelen, die nur 2-3 cm groß werden, sich untereinander überwiegend friedlich verhalten und von denen es inzwischen eine beachtliche Auswahl verschiedener, teilweise leuchtend gefärbter Arten und Zuchtformen gibt. Zu den beliebtesten Zwerggarnelen gehören die in Asien heimischen Mitglieder der Gattungen *Caridina* und *Neocaridina*, darunter die Kristallrote Zwerggarnele (*Caridina* cf. *cantonensis*), die man oft auch als „Crystal Red" im Handel findet und die ihrem Namen mit einer leuchtend roten Färbung alle Ehre macht. Dagegen zeigt die Bienengarnele mit dem Handelsnamen „Red Bee" ein rot-weißes Ringelmuster, während „Black Bee" schwarz und weiß gebändert ist. Und die Blaue Tigergarnele („Blue Tiger") weist, was niemanden überraschen wird, eine durchgehend

blaue Färbung auf, die, abhängig von den äußeren Bedingungen, aber unterschiedlich stark ausgeprägt sein kann. Die ebenfalls häufig im Handel erhältliche Hummelgarnele (*Caridina breviata*) zeigt eine helle Grundfärbung mit drei dunklen Querbinden, sodass sie häufig mit *Caridina* cf. *cantonensis* „Black Bee" (siehe oben) verwechselt wird, und von der Rückenstrich- oder Algengarnele (*Neocaridina heteropoda*) gibt es rötliche, gelbe, dunkelgrüne sowie weißliche oder fast schwarze Exemplare. Von der Grünen Zwerggarnele (*Caridina* cf. *babaulti*) wird besonders häufig eine wunderschöne hellgrüne Variante angeboten, man findet aber auch orange, braun oder bläulich gefärbte Formen.

Haltung und Pflege

Die hier erwähnten Arten bevorzugen weiches bis mittelhartes Wasser mit einem pH-Wert zwischen ungefähr

6,0 und 7,5. Die Temperaturansprüche sind dagegen etwas unterschiedlich. Während die meisten der oben erwähnten Garnelen Werte von 10 °C bis etwa 30 °C tolerieren, dürfen die Temperaturen bei der Grünen Zwerggarnele (*Caridina* cf. *babaulti*) und ihren Verwandten nicht unter einen Wert von etwa 20 °C fallen. Aber auch die übrigen Arten vermehren sich normalerweise nicht mehr, wenn das Wasser nicht mindestens Zimmertemperatur aufweist. Bezüglich ihrer Ernährung stellen Zwerggarnelen nur wenig Ansprüche, denn sie fressen fast alles, was verdaulich ist. Für die Grundversorgung kann man spezielles Garnelenfutter aus dem Fachhandel verwenden, aber die Tiere nehmen auch herkömmliches Flocken- oder Granulatfutter. Außerdem weiden die kleinen Tiere unermüdlich Kleinstlebewesen von Pflanzen, Einrichtungsgegenständen und sogar Schwammfiltern ab. Besonders viele solcher winzigen Organismen findet man am bereits erwähnten Herbstlaub, das viele Garnelenhalter in ihr Becken geben. Außerdem kann man den Garnelen von Zeit zu Zeit überbrühten Salat oder Spinat anbieten oder auch im Handel erhältliches Spirulinapulver, das aus Cyanobakterien hergestellt wird und sehr proteinhaltig ist.

Häutung

Garnelen besitzen ein festes Außenskelett (Exoskelett) aus Chitin, das den Körper als schützender und stützender Panzer umgibt, an dem auch die Muskeln ansetzen, denn die Tiere haben kein Knochengerüst und keine Wirbelsäule. Allerdings ist dieses Außenskelett, wenn es erst einmal ausgehärtet ist, kaum noch dehnbar, sodass die Tiere nicht mehr an Größe zunehmen können. Daher müssen sie

Info | **Garnelen-Nachwuchs**

Viele Zwerggarnelen, die normalerweise nicht älter als zwei Jahre werden, vermehren sich ohne weiteres Zutun im Nano-Aquarium. Dazu gehören auch die hier vorgestellten Arten und Zuchtformen. Die Weibchen tragen die befruchteten Eier so lange am Hinterleib mit sich umher, bis schließlich die Jungtiere schlüpfen, die dann bereits winzige Ebenbilder ihrer Eltern sind.

sich regelmäßig häuten, um überhaupt wachsen zu können. Dabei wird der feste Chitinpanzer abgeworfen und die sich bereits darunter befindliche, zunächst noch weiche Haut gedehnt, sodass die Tiere anschließend größer sind als vorher. Zurück bleibt eine leere Hülle (Exuvie), die manchmal für ein totes Tier gehaten wird.

Das Angebot an wunderhübsch gefärbten Süßwassergarnelen hat in den letzten Jahren deutlich zugenommen. Hier eine *Caridina*-Art aus Sulawesi.

Auswahl und Kauf der Fische

Wenn das Becken vollständig eingerichtet und der Filter eingefahren ist,
können Sie sich auf den Weg zum
Zoofachhändler machen, um die
Bewohner für das Aquarium zu kaufen.
Zu diesem Zeitpunkt sollten Sie bereits
eine Auswahl der Arten getroffen
haben, die in dem neuen Becken leben
sollen, denn bei dem riesigen Angebot,
das man heute in den meisten Zoohandlungen vorfindet, ist es gerade für
Einsteiger oft schwierig, die Übersicht
zu behalten. Daher kann es auch leicht
passieren, dass man dann Fische kauft,
die von ihren Ansprüchen oder ihrem
Verhalten eigentlich nicht in das gerade
eingerichtete Aquarium passen.

Rote Neon gehören zu den
Arten, die im Zoofach-
geschäft sofort ins Auge
fallen.

Fische für alle Beckenbereiche

Bei der Auswahl der Fische müssen
Sie nicht nur darauf achten, dass die
Tiere aufgrund ihrer Ansprüche an
die Umgebung sowie ihres Verhaltens
und Temperaments zusammenpassen,
sondern Sie sollten auch versuchen,
möglichst alle Bereiche des Aquariums mit Fischen zu besetzen. Auf den
Seiten 42 bis 75 ist jeweils angegeben,
wo sich die Fische vorzugsweise
aufhalten (obere, mittlere oder untere
Beckenbereiche). Außerdem kann man
oft schon an der Körperform und der
Stellung des Mauls erkennen, welche
Wasserzone ein Fische normalerweise
bewohnt (siehe S. 40).

Auswahl und Transport

Schauen Sie sich die Fische Ihrer Wahl
im Händlerbecken genau an, und achten Sie darauf, dass die Tiere nicht apathisch oder stark ausgezehrt wirken,
ungewöhnliche Körperschwellungen
haben oder Krankheitssymptome zeigen (siehe S. 127). Eine letzte Kontrolle
können Sie vornehmen, wenn sich die
Fische bereits im Transportbeutel befinden. Verzichten Sie auf den Kauf von
Exemplaren, in deren Becken sich tote
oder krank wirkende Tiere befinden.
Bei neu eingerichteten Aquarien
empfiehlt es sich, nicht alle Fische auf
einmal zu kaufen, sondern zunächst die
robusteren Arten einzusetzen, und die
etwas empfindlicheren dann zu ergän-
zen, wenn die Bedingungen im Becken
so optimal wie möglich sind. Erwerben
Sie junge Tiere, auch wenn diese noch
nicht ihre schönste Färbung zeigen, und
bedenken Sie dabei, dass Jungfische oft

noch ganz erheblich wachsen. Sind bei Schwarmfischen nicht ausreichend Individuen für die Größe der vorgesehenen Gruppe vorhanden, sollten Sie mit dem Kauf lieber warten, denn gemeinsam eingewöhnte Tiere zeigen später ein besseres Schwarmverhalten.

Vor allem wenn Ihr Heimweg etwas länger ist, sollten Sie den Transportbeutel liegend in einem Karton transportieren, weil dann eine größere Wasseroberfläche vorhanden ist, über die während der Fahrt ausreichend Sauerstoff ins Wasser gelangen kann. In einer Styroporkiste wird das Wasser im Beutel nicht zu stark auskühlen.

Fische einsetzen

Lassen Sie den geschlossenen Beutel mit den neuen Fischen vorsichtshalber ungefähr eine Stunde lang im Becken schwimmen, damit sich die Temperatur des darin befindlichen Wassers an die des Aquariums anpasst. Falls zu befürchten ist, dass sich die Bedingungen in den Becken der Zoohandlung erheblich von denen in Ihrem Aquarium unterscheiden, kann man den Beutel auch öffnen und mehrfach kleine Mengen Beckenwasser hineingeben, damit die Tiere sich langsam an die neuen Verhältnisse anpassen können.

Wenn Sie besonders vorsichtig sein wollen, können Sie die Tiere mit einem kleinen Netz aus dem Transportbeutel herausfangen. Dadurch gelangt kaum Wasser aus dem Händleraquarium in Ihr Becken, sodass die Gefahr, Krankheitserreger einzuschleppen, minimiert wird. Noch sicherer ist es allerdings, wenn Sie neu erworbene Fische zunächst einige Zeit in einem Quarantänebecken halten (siehe S. 89), um zu sehen, ob sie tatsächlich gesund sind.

Praxis   Wie viele Fische?

Auch wenn heute eine Vielzahl von Hilfsmitteln zur Verfügung steht, die es ermöglicht, für weitgehend optimale Wasserbedingungen in einem Aquarium zu sorgen, darf man ein Becken dennoch nicht zu dicht besetzen. So limitiert zunächst einmal der Sauerstoffgehalt des Wassers die Zahl der Tiere, denn dieser hängt von der Größe der Wasseroberfläche des Beckens ab, weil nur dort der lebenswichtige Austausch mit der Luft stattfindet. Außerdem breiten sich in zu dicht besetzten Aquarien Krankheiten schneller aus, und viele Fische erreichen unter solchen Umständen nur selten ihre volle Größe und ihre richtige Färbung. Als Faustformel für die richtige Besatzdichte in tropischen Süßwasseraquarien kann man etwa 1 cm Fisch pro 30 Quadratzentimeter Wasseroberfläche rechnen. Danach können also in ein Becken mit einer Grundfläche von 100 x 50 cm beispielsweise Fische mit einer Gesamtlänge von ungefähr 160 cm leben.

Lassen Sie den Transportbeutel zunächst einige Zeit im Becken schwimmen, damit sich die Temperatur des Wassers angleicht.

Fütterung und Pflege

Das richtige Futter

Bei der Auswahl des Futters für Aquarienfische muss man sich zunächst einmal daran orientieren, was die Tiere unter natürlichen Bedingungen fressen, denn einzelne Arten bevorzugen oft ganz unterschiedliche Nahrung. So gibt es Karnivoren (Fleischfresser), deren Verdauungstrakt an Fleischnahrung – etwa Kleinkrebse und Insektenlarven – angepasst ist, während die sogenannten Herbivoren (Pflanzenfresser) sich vorwiegend von Pflanzen ernähren und daher einen vergleichsweise langen Darm haben, in dem sich die schwerer verdauliche pflanzliche Kost besser in verwertbare Substanzen zerlegt lässt. Daneben gibt es aber auch viele Fische, die bezüglich des Futters nicht besonders wählerisch sind, sodass man sie als Omnivoren (Allesfresser) bezeichnet. Letztere sind für Neueinsteiger in die Aquaristik besonders zu empfehlen, weil sie recht einfach zu ernähren sind. Aber auch die Fütterung anspruchsvollerer Arten stellt heute in den meisten Fällen kein Problem mehr dar, weil der Fachhandel geeignetes Futter anbietet.

Flockenfutter

Die größte Auswahl gibt es beim Flockenfutter. So findet man beispielsweise Sorten mit einem hohen Anteil tierischer Proteine, die gut für Fleischfresser geeignet sind, sowie Flocken mit vielen Ballaststoffen, wie sie von vielen Pflanzenfressern benötigt werden. Aber auch auf die Fressgewohnheiten der einzelnen Arten wird inzwischen Rücksicht genommen. So gibt es z.B. Granulatfutter, das im Gegensatz zum Flockenfutter langsam zu Boden sinkt und daher besonders für größere Arten verwendet wird, die ihre Nahrung nicht gern von der Wasseroberfläche nehmen, sondern aus den mittleren Bereichen des Beckens. Am Boden lebende Fische, etwa Welse oder Schmerlen, füttert man dagegen zumeist mit Futtertabletten, die vergleichsweise groß und schwer sind und daher schnell auf den Grund hinabsinken, um sich dort langsam aufzulösen.

Lebendfutter

Neben Trockenfutter sollte die Mehrzahl der Zierfische aber auch regelmäßig Lebendfutter bekommen, das ihrer Nahrung in der Natur am besten entspricht. Ganz besonders gilt das für Wildfänge, die zumindest während der Eingewöhnung oft sogar ausschließlich lebende Nahrung nehmen. Es gibt aber auch Zierfische, die sich nie an Flockenfutter gewöhnen, und auch für eine erfolgreiche Vermehrung ist es häufig notwendig, die Tiere zuvor mit kräftigem Lebendfutter zu versorgen. Früher holten sich viele Aquarianer das benötigte Lebendfutter zumeist aus Tümpeln und Teichen der Umgebung,

Die meisten Fische bevorzugen Lebendfutter.

Achten Sie bei der Fütterung mit lebender Nahrung darauf, dass alle Beckenbewohner etwas abbekommen – etwa von diesen Wasserflöhen.

Praxis Wie oft füttern?

In der Natur sind die meisten Fische fast ununterbrochen auf der Nahrungssuche. Daher entspricht es den natürlichen Verhältnissen, wenn man den Tieren mehrmals täglich wenig Futter anbietet, das sie sich im Becken suchen können. Bei ausgewachsenen Fischen reicht es aber auch, wenn einmal täglich gefüttert wird und zwar so viel, dass die Tiere es innerhalb kurzer Zeit aufgefressen haben. Jungfische müssen dagegen unbedingt mehrmals täglich Futter bekommen.

Grund ist, dass sich in den dort lebenden Tieren oft Umweltgifte, vor allem aus der Landwirtschaft, angereichert haben, sodass sie als Futtertiere für Zierfische eine Gefahr darstellen können. Außerdem besteht immer das Risiko, mit dem Lebendfutter Krankheiten ins Becken einzuschleppen. Daher ist es ratsam, sich unter kontrollierten Bedingungen gezüchtetes Lebendfutter in der Zoofachhandlung zu besorgen, etwa Rote Mückenlarven, Tubifex (Röhrenwürmer) oder Enchyträen (Ringelwürmer). Oder man züchtet sein Lebendfutter selbst, etwa mithilfe spezieller Zuchtansätze, die es für einige Futtertiere im Fachhandel gibt (siehe S. 120).

was heute allerdings nicht mehr ohne weiteres möglich und auch nicht unbedingt anzuraten ist. Einer der Gründe ist, dass die meisten Kleingewässer inzwischen unter Naturschutz stehen, weil sie Kröten, Fröschen und Molchen als Laichgewässer dienen. Und die werden durch die Lebendfutterentnahme nicht nur bei der Fortpflanzung gestört, sondern die Kaulquappen der Amphibien benötigen die lebende Nahrung in den Tümpeln für ihre eigene Ernährung. Doch auch der Fang von Klein- und Kleinstlebewesen aus nicht gesetzlich geschützten Gewässern ist mittlerweile nicht mehr unbedingt anzuraten. Der

Rote Mückenlarven sind ein begehrter Leckerbissen für die meisten Zierfische.

Achten Sie darauf, nicht zuviel zu füttern, um das Wasser nicht zu belasten.

Frostfutter

Eine gute Alternative für lebende Futtertiere ist Frost- oder Gefrierfutter. Es hat den Vorteil, dass es sich in der Gefriertruhe längere Zeit aufbewahren und gut portionieren lässt, denn es wird zumeist in Form einer Art Tafel angeboten, von der sich Stücke abbrechen lassen. Außerdem ist es frei von Krankheitserregern, weil diese beim Einfrieren abgetötet werden.

Auch beim Frostfutter gibt es verschiedene Sorten, darunter Tubifex oder Rote Mückenlarven. Außerdem bietet der Fachhandel gefriergetrocknetes Zierfischfutter an, dem auf schonende Weise das Wasser entzogen wurde, um es so lange haltbar zu machen. Gefriergetrocknetes Futter wird von den meisten Zierfischen gern gefressen, aber weil es sehr leicht ist und an der Oberfläche schwimmt, ist es für Arten der mittleren und unteren Beckenregionen ungeeignet.

> **Tipp** | Nachtschwärmer
>
> Wenn nachtaktive Arten gehalten werden, kann es notwendig sein, nach dem Ausschalten der Beleuchtung noch etwas zu füttern, damit diese Fische nicht leer ausgehen. Normalerweise gewöhnen es sich aber auch solche Tiere schon bald an, zur Fütterungszeit aus ihrem Versteck zu kommen.

Pflanzenfutter

Einige Zierfische ernähren sich überwiegend von pflanzlichen Substanzen, was bei der Fütterung unbedingt berücksichtigt werden muss, weil die Tiere mit „Normalflocken" oft nicht ausreichend versorgt sind. Dies gilt auch für bestimmte Welse und einige andere Arten, die sich zu einem großen Teil von Algen ernähren, die aber nicht in jedem Aquarium in ausreichender Menge vorhanden sind. Glücklicherweise lassen sich solche Arten inzwischen ebenfalls mit handelsüblichem Futter für Pflanzenfresser ernähren. Oft nehmen die Tiere aber auch fein geschnittenen Spinat oder Salat, den man allerdings zuvor heiß überbrühen sollte.

Die richtige Futtermenge

Die Menge des angebotenen Futters hat auch Einfluss auf die Qualität des Wassers, denn bei einer übermäßigen Fütterung verderben die Reste und diese Fäulnis führt zu einer Verschlechterung der Wasserqualität. Daher sollten Fische immer nur so viel Futter bekommen, wie sie innerhalb weniger Minuten fressen können. Zu beachten ist dabei allerdings, dass auch alle Tiere etwas abbekommen – etwa Bodenfische, die zumeist nur Futter nehmen, das zu ihnen auf den Boden herabsinkt. Sollten Sie feststellen, dass die an der Oberfläche und in den mittleren Beckenregionen lebenden Fische den größten Teil der Nahrung auffressen, bevor diese den Boden erreicht, empfiehlt es sich, zusätzlich Futtertabletten anzubieten.

Die täglichen Fütterungen sind gleichzeitig eine gute Gelegenheit, sich die Fische genau anzuschauen, um Probleme rechtzeitig zu erkennen, denn Fische, die das Futter verweigern, sind normalerweise nicht gesund. Außerdem lassen sich bei dieser Gelegenheit äußere Anzeichen einer Krankheit gut erkennen (siehe S. 126-127), weil selbst viele der scheueren Arten zum Fressen aus ihren Verstecken kommen.

Futterversorgung im Urlaub

Gut genährte Fische können durchaus eine Woche ohne Fütterung schadlos überstehen (da sie keine Energie zur Aufrechterhaltung ihrer Körpertemperatur benötigen, können sie viel länger von ihren Vorräten zehren als warmblütige Tiere). Sollten Sie eine längere Abwesenheit planen und niemanden haben, der sich in dieser Zeit um die Fische kümmert, empfiehlt sich der Einsatz eines Futterautomaten, von denen es verschiedene, inzwischen sehr ausgereifte Modelle im Handel gibt. Allerdings sollten Sie das Gerät schon vor dem Urlaub testen, damit während Ihrer Abwesenheit nicht zu viel Futter ins Becken gelangt und das Wasser verdirbt oder auch zu wenig, sodass die Fische nicht ausreichend versorgt sind.

Oben: Welse, die Aufwuchs abweiden, brauchen trotzdem zusätzliches Futter.

Links: Ein Futterautomat stellt die Versorgung im Urlaub sicher.

Futtertiere züchten

Bestimme Arten von Lebendfutter kann man auch selbst heranziehen, was heute vergleichsweise einfach ist, weil es in Zoofachgeschäften und im Internetversandhandel inzwischen vorbereitete Zuchtansätze für verschiedene Futtertiere gibt. Dazu gehören beispielsweise Fruchtfliegen unterschiedlicher Größe (*Drosophila hydei* oder *Drosophila melanogaster*), die man in kleinen Gläschen mit Nährmedium erwerben kann, in denen sie sich dann eine Zeit lang weiter vermehren lassen. Neben den zumeist flugunfähigen Fliegen gibt es aber auch Ansätze mit sogenannten Mikrowürmern (*Panagrellus* spp.) oder Springschwänzen (*Folsomia* spp.).

Lebendfutter für Jungfische

Zur Aufzucht der meisten Jungfische wird sehr feines Lebendfutter benötigt, das zudem über längere Zeit täglich mehrmals zur Verfügung stehen muss. Daher sollte man sich spätestens dann, wenn Zierfische vermehrt werden, mit der Anzucht von Lebendfutter beschäftigen, etwa mit der Herstellung eines sogenannten Heuaufgusses. Dazu gibt man eine Handvoll Heu oder auch anderes Pflanzenmaterial, etwa Salat, angetrocknete Bananenschalen oder Kohlrübenstücke (keine Zuckerrüben, da diese zu leicht verderben) in ein Glas, übergießt mit etwa einem viertel Liter Aquarien-, Regentonnen- oder

Jungfische, hier Guppys, brauchen nicht nur feineres Futter, sondern sie sollten auch mehrmals täglich gefüttert werden.

Teichwasser, deckt den Ansatz mit einer Glasplatte ab und stellt ihn dann in einen warmen Raum.

Dank des verrottenden Pflanzenmaterials entwickeln sich in dem Glas sehr schnell zahlreiche Bakterien, und diese sind dann eine gute Nahrungsquelle für bestimmte Einzeller wie Pantoffel- oder Geißeltierchen, die mit dem Aquarien-, Regentonnen- oder Teichwasser in den Ansatz gelangen. Dank der reichlich vorhandenen Nahrung vermehren sich diese winzigen Tiere sehr schnell, sodass man schon bald eine deutlich sichtbare Trübung des Wassers erkennen kann sowie eine helle Kahmhaut an der Oberfläche. Ist das der Fall, dann sind ausreichend Kleinstlebewesen in dem Glas vorhanden, sodass man mit einer Pipette die benötigte Menge entnehmen und zu den Jungfischen ins Zuchtbecken geben kann.

Ein anderes beliebtes Aufzuchtfutter für die Nachkommen zahlreicher Zierfische sind Salz- oder Salinenkrebschen. Die zur Gattung *Artemia* gehörenden Kleinkrebschen haben sich an ein Leben in extrem salzhaltigen Biotopen angepasst, sodass sie beispielsweise massenhaft in den großen Salzseen in den USA vorkommen. Und weil sich dieses Lebendfutter sehr leicht herstellen lässt, ist es bei Aquarianern ausgesprochen beliebt, wobei hinzukommt, dass in den erwähnten Gewässern aufgrund des hohen Salzgehaltes keine Fische mehr leben können und ein Einschleppen von Krankheiten über Salinenkrebse daher unwahrscheinlich ist.

Um das winzige Lebendfutter herzustellen, benutzt man am einfachsten im Handel erhältliche Überdauerungsstadien der Salzkrebschen (oft auch als Eier bezeichnet), die, trocken aufbewahrt, jahrelang lebensfähig bleiben. Daraus schlüpfen junge Krebse, die Nauplien genannt werden und wegen ihrer Größe

Salinenkrebse sind ein ausgezeichnetes Aufzuchtfutter für zahlreiche Jungfische.

von nur etwa einem halben Millimeter ein ausgezeichnetes Aufzuchtfutter für Jungfische sind.

Um die im Handel erworbenen Dauerstadien zum Schlüpfen zu bringen, stellt man zunächst eine ein- bis zweiprozentige Salzlösung her (10-20 g Salz ohne Jodzusätze pro Liter), die dann in eine etwa ein bis zwei Liter große Glas- oder Plastikflasche mit Kunststoffschraubverschluss (kein Metall, da dies in Verbindung mit Salzwasser Vergiftungen verursachen kann) gefüllt wird. Anschließend gibt man einen Teelöffel der Dauerstadien hinzu und führt durch den Deckel einen Schlauch mit Ausströmerstein, der an eine Membranpumpe angeschlossen wird, um die Kultur zu belüften (siehe S. 27). Die Nauplien schlüpfen – abhängig von Art und Temperatur – nach ein bis drei Tagen und können dann, nachdem man sie mit einem sehr feinen Sieb, das es im Fachhandel gibt, herausgefiltert und abgespült hat, an die Jungfische verfüttert werden. Lässt man die Krebse heranwachsen, erreichen sie nach mehreren Häutungen eine Länge von bis zu 2 cm und können dann auch an ausgewachsene Zierfische verfüttert werden.

Wasserwechsel

Ein teilweiser Wasserwechsel gehört zu den wichtigsten Pflegemaßnahmen eines Süßwasseraquariums. Der Grund dafür ist leicht verständlich: In einem natürlichen Gewässer werden die von den Fischen ausgeschiedenen Abfall-

frisches Wasser zu ersetzen. Dabei geht es vor allem darum, Ammonium und Nitrat zu entfernen (siehe S. 11), aber man reichert das Aquarium gleichzeitig auch mit wichtigen Mineralstoffen an.

Der regelmäßige Wasserwechsel gehört zu den wichtigsten Pflegemaßnahmen für ein Aquarium.

produkte wegen der viel größeren Wassermenge sowie durch äußere Einflüsse, vor allem Niederschläge, schnell ausgedünnt und haben so wenig Einfluss auf die Wasserqualität. Dagegen reichern sie sich in geschlossenen Systemen wie einem Aquarium ständig an. Und auch wenn die nützlichen Bakterien in einem effektiv arbeitenden Filter und die im Becken wachsenden Pflanzen ständig einen Teil der schädlichen Substanzen abbauen oder verbrauchen, reicht dies normalerweise nicht aus, um über längere Zeit eine optimale Wasserqualität zu garantieren. Aus diesem Grund ist es notwendig, regelmäßig einen Teil des Beckeninhaltes durch

Wie oft ein solcher Wasserwechsel erfolgen muss, hängt von Faktoren wie Besatzdichte, Filtergröße und Pflanzenwuchs ab. Empfehlenswert ist es, etwa alle drei Wochen rund ein Viertel des Beckenwassers auszutauschen. Bei weniger dicht besetzten Aquarien reicht zumeist auch ein vierwöchiger Zyklus und bei größeren Becken (ab 250 Liter) muss nur etwa ein Zehntel des Wassers ersetzt werden.

Saugen Sie das Wasser am besten über einen Schlauch an und nutzen Sie den Sog, um Mulm und Futterreste vom Boden des Beckens zu entfernen. Wenn Sie zusätzlich eine sogenannte Mulmglocke benutzen, können Sie gleichzeitig den Bodengrund reinigen. Bei einer

Mulmglocke handelt es sich um ein Plastikrohr von 4-5 cm Durchmesser, an dessen eine Seite ein Wasserschlauch angeschlossen wird. Nach dem Ansaugen lässt man das Wasser in einen Eimer laufen, der tiefer stehen muss als das Becken, während man gleichzeitig mit der Mulmglocke über den Grund fährt oder sie auch ein wenig in den Boden drückt. Durch die Saugwirkung wird so der Schmutz aus dem Bodengrund entfernt, während der schwerere Kies oder Sand wieder zurücksinkt. Auf diese Weise kann man das Becken während der regelmäßigen Wasserwechsel gleichzeitig Stück für Stück reinigen.

Füllen Sie das frische Wasser möglichst ebenfalls mit einem Schlauch ein, damit der Bodengrund nicht aufgewirbelt oder Pflanzen beschädigt werden. Achten Sie darauf, dass der Temperaturunterschied zwischen dem Becken- und dem Leitungswasser nicht zu groß ist, vor allem wenn empfindliche Arten gepflegt werden. Da Leitungswasser häufig Chlor enthält, kann es sinnvoll sein, das frische Wasser einige Tage in Eimern offen stehen zu lassen, damit ein Teil entweichen kann. Beschleunigen lässt sich dies, wenn man das Chlor mit einem Durchlüfterstein und einer Luftpumpe austreibt (siehe S. 27); außerdem gibt es spezielle Wasseraufbereitungsmittel, die man dem Frischwasser vor dem Einfüllen zugeben kann.

Scheiben reinigen

Der regelmäßige Wasserwechsel ist auch eine gute Gelegenheit, die Innenseiten der Aquarienscheiben zu reinigen, weil sich dort zumeist Algen ansiedeln. Für das Entfernen nimmt man am besten spezielle Klingenreiniger (nicht ins Silikon schneiden, weil das Becken sonst leicht undicht wird!).

Eine andere Möglichkeit ist die Verwendung von sogenannten Algenmagneten. Diese bestehen aus zwei Magneten, von denen sich derjenige mit der rauen Auflage im Becken befindet, während man den anderen von außen dagegen legt. Es dürfen keine Sandkörner zwischen Scheibe und Magnet geraten, weil es sonst Kratzer im Glas gibt!

Außerdem sollte man beim regelmäßigen Wasserwechsel auch immer wieder einmal stark wuchernde Pflanzen zurückschneiden und alte Blätter entfernen.

Algen lassen sich am einfachsten mit einem speziellen Klingenreiniger von den Scheiben des Beckens entfernen.

Filter reinigen

Da der Filter ständig Schmutzpartikel aus dem Wasser entfernt, muss er regelmäßig gereinigt werden, weil der Durchfluss sonst irgendwann völlig zum Erliegen kommt. Wenn der Filter bei der Reinigung teilweise auseinandergenommen werden muss – etwa zur Säuberung des beweglichen Flügelrades (siehe Tipp) – sollten Sie

Bei der Reinigung des Aquarienfilters werden unlösliche Abfallstoffe, die sich im Laufe der Zeit angesammelt haben, aus dem Wasserkreislauf entfernt.

sich den Filter vorher noch einmal genau anschauen, damit es später beim Zusammenbau keine Probleme gibt. Vielen Geräten liegt aber auch eine ausführliche Anleitung bei. Besonders bei fest eingebauten Innenfiltern, zu deren Reinigung Sie im Becken hantieren müssen, ist es wichtig, dass Sie alle im Aquarium befindlichen Geräte vom Netz nehmen, damit kein Unfall passieren kann.

Mechanische Filtermedien

Wenn Sie Filterwatte als mechanisches Filtermedium verwenden (siehe S. 10), wird diese bei der Reinigung durch neues Material ersetzt. Schwämme lassen sich dagegen mehrfach nutzen, da man sie mit heißem Wasser auswaschen und anschließend wieder einsetzen kann. Drücken Sie die einzelnen Schwämme kurz zusammen und tauschen Sie sie aus, wenn sie nicht sofort wieder ihre ursprüngliche Form annehmen.

Biologische Filtermedien

In kleineren Geräten ist oft nur ein Schwamm vorhanden, der dann sowohl die mechanische als auch biologische Filterfunktion übernehmen muss. Ein solcher Schwamm darf auf keinen Fall heiß ausgewaschen werden, weil sonst die nützlichen Bakterien abgetötet werden und die biologische Filterung nicht mehr funktioniert (siehe S. 10). Wenn Sie auf Nummer sicher gehen wollen, sollten Sie zum Auswaschen altes Aquarienwasser verwenden, denn auch das Chlor in frischem Leitungswasser ist schädlich für die Bakterien.

Tipp | Filter reinigen

Bei der Filterreinigung sollte das Flügelrad, das in den meisten Filtern für den Transport des Beckenwassers durch das Gerät sorgt, nicht vergessen werden. Dieses sitzt normalerweise auf einer Achse im Filterdeckel und kann herausgenommen werden. Wird das Flügelrad in regelmäßigen Abständen mit einer kleinen Bürste unter fließendem Wasser gesäubert, kann dies die Lebensdauer des Filters deutlich verlängern.

Durch eine tägliche Kontrolle der Tiere, etwa bei der Fütterung, lassen sich gesundheitliche Probleme zumeist rechtzeitig erkennen.

Muss der Schwamm ersetzt werden, kann man ihn in zwei Teile zerschneiden und die alte Hälfte mit einer neuen verwenden, weil sich die nützlichen Mikroorganismen dann schnell wieder im neu eingesetzten Filtermedium ausbreiten können.

Bei größeren Geräten, in denen sich die Filtermedien normalerweise in getrennten Kammern befinden, geht man bei der Reinigung des biologischen Materials in ähnlicher Weise vor, wie zuvor beschrieben. Auch hier darf also keinesfalls heißes Wasser verwendet werden und man sollte auch niemals alle Filterschwämme gleichzeitig reinigen. Verwenden Sie Keramik-, Lava-, Glas- oder Tonmaterial zur Oberflächenvergrößerung (siehe S. 16), sollten Sie ebenfalls immer nur einen Teil des Materials reinigen.

Chemische Filtermedien

Aktivkohle und andere chemische Medien lassen sich nicht reinigen, sondern man muss sie ersetzen, wenn ihre Kapazität erschöpft ist. Wann ein Austausch erforderlich wird, hängt auch davon ab, für welche Zwecke das Material eingesetzt wird, aber normalerweise verliert beispielsweise Aktivkohle schon nach sechs bis acht Wochen einen Großteil ihrer Wirkung.

Regelmäßige Kontrolle

Mit dem regelmäßigen Wasserwechsel und der Reinigung des Beckens und Filters sind die aufwendigsten Pflegemaßnahmen bei der Haltung von Zierfischen bereits erledigt. Zusätzlich sollten Sie sich aber einige Kontrollmaßnahmen angewöhnen, um mögliche Probleme im Aquarium rechtzeitig zu erkennen. So ist es empfehlenswert, bei der täglichen Fütterung zu überprüfen, ob noch alle Fische vorhanden sind, denn im Becken verwesende Tiere können die Wasserqualität schnell verschlechtern. Außerdem sollte man die Beckenbewohner dabei auf erste Anzeichen einer Krankheit hin begutachten, weil sich rechtzeitig erkannte Erkrankungen in den meisten Fällen deutlich erfolgreicher behandeln lassen. Ebenfalls täglich sollte man auch die Wassertemperatur kontrollieren und sich zudem vergewissern, dass der Filter arbeitet, was sich leicht an der Strömung im Becken erkennen lässt.

Gesundheitsvorsorge und Krankheiten

Krankheiten treten in einem gut gepflegten und nicht zu dicht besetzten Aquarium vergleichsweise selten auf. Ausschließen kann man sie aber natürlich nicht, doch wenn Sie es sich zur Gewohnheit machen, Ihre Fische regelmäßig zu kontrollieren, sodass Sie Probleme frühzeitig erkennen, lassen sich sehr oft erfolgreiche Gegenmaßnahmen ergreifen, denn für eine Reihe von Fischkrankheiten gibt es heute ganz ausgezeichnete Medikamente. Allerdings muss die Behandlung nicht nur rechtzeitig erfolgen, sondern auch sehr gezielt, was voraussetzt, dass die Erkrankung richtig diagnostiziert wurde. Dabei soll die nebenstehende Tabelle helfen. Im Zweifelsfall lassen Sie sich von Ihrem Zoofachhändler beraten.

Vorbeugung

Obwohl bestimmte Erreger in einem Becken manchmal latent vorhanden sind, kommt es dennoch häufig nicht zum Ausbruch der Erkrankung, weil das Immunsystem gesunder Fische zur Abwehr der Erreger ausreicht. Das kann sich aber sehr schnell ändern, wenn sich die Fische plötzlich nicht mehr in einem optimalen Gesundheitszustand befinden. Die Ursachen für solche Veränderungen können ganz unterschiedlich sein. So reagieren Fische, die nicht artgerecht ernährt werden, sehr viel anfälliger auf Infektionen und Parasitenbefall, aber auch wenn die Tiere zu viel zu fressen bekommen, kann sich ihr Gesundheitszustand sehr schnell verschlechtern. Letzteres ist besonders gefährlich, denn für Fische, bei denen es aufgrund falscher Ernährung oder zu starker Fütterung zu einer Magen-Darm-Entzündung oder einem anderen schweren Verdauungsproblem gekommen ist, können Sie in den meisten Fällen nichts mehr tun. Daher sollten Sie solchen Gefahren durch eine angemessene, abwechslungs- und ballaststoffreiche Ernährung vorbeugen. Ähnliches gilt für eine plötzliche oder auch langsame Verschlechterung der Wasserqualität. So verhalten sich die Tiere bei einem zu starken Absinken des pH-Wertes zumeist zunehmend apathisch und spreizen nicht selten die Flossen krampfartig ab, während sich bei einem zu hohen pH-Wert häufig ausgefranste Flossen und Hauttrübungen beobachten lassen. Daher sollte man es auch keinesfalls versäumen, regelmäßig Teilwasserwechsel durchzuführen (siehe S. 122) und regelmäßig die Qualität des Beckenwassers zu testen (siehe S. 24). In ein Quarantänebecken dürfen Sie Fische mit solchen Symptomen übrigens in keinem Fall umsetzen, weil dies mit großer Wahrscheinlichkeit zum Tod der Tiere führen würde. Verändern Sie stattdessen langsam die Bedingungen im Aquarium, bis die richtigen Werte wieder erreicht wurden.
Eine weitere häufige Ursache für eine Erkrankung von Zierfischen ist die

Das Risiko, beim Kauf von Fischen Krankheitserreger einzuschleppen, lässt sich verringern, wenn neu erworbene Exemplare zunächst einige Zeit in einem Quarantänebecken gehalten und beobachtet werden.

größere Stressbelastung bei nicht artgerechter Haltung. Dazu kann es beispielsweise kommen, wenn die Besatzdichte zu hoch ist (siehe S. 113), sich die Fische nicht verstecken können oder wenn nicht genug Platz für ein ausreichend großes Revier zur Verfügung steht, sodass die Tiere ständig Konflikte mit ihren Nachbarn austragen müssen.

Behandlung erkrankter Fische

Viele Krankheiten werden durch Parasiten oder Bakterien und andere Erreger verursacht. Dies bedeutet, dass es nicht ausreicht, die Tiere, die sich bereits infiziert haben, herauszufangen und in einem gesonderten Becken zu behandeln, sondern man muss das Medikament ins Hauptaquarium geben, um zu versuchen, möglich viele der Erreger oder Parasiten, die sich dort ausgebreitet haben, abzutöten.

Allerdings kann es von Vorteil sein, sehr stark infizierte oder befallene Tiere in ein extra für solche Fälle eingerichtetes Quarantänebecken (siehe Seite 89) zu setzen, wo man die Behandlung gezielter und intensiver durchführen kann.

Häufige Fischkrankheiten und ihre Behandlung

Name und Erreger	Symptome	Behandlung
Weißpünktchenkrankheit *Ichthyopthirius multifiliis* (Wimperntierchen)	Kleine, weiße Knötchen (Pünktchen) am Körper; bei starkem Befall heftige Kiemenbewegungen; sehr ansteckend.	Der Handel bietet unterschiedliche Mittel an; die Heilungschancen sind gut.
„Fischläuse" *Argulus foliaceus* u.a. *Arten* (Kleinkrebse)	Befallene Fische sind sehr unruhig und scheuern sich häufig an Gegenständen; nicht selten kann man auch die Einstichstellen der Parasiten als kleine rote Punkte mit einem rosa Hof erkennen.	Es gibt Medikamente zur Bekämpfung der Larven; bei größeren Fischen kann man die Ektoparasiten mit einer Pinzette entfernen und die Wunde desinfizieren.
Flossenfäule *Bacteriosis pinnarum* (Bakterien)	Zunächst Trübung der Flossenränder, dann Zerfaserung und Ausfransen der Flossen, bis nur noch Stummel übrig sind.	Der Handel bietet unterschiedliche Mittel an; bei rechtzeitiger Erkennung sind die Heilungschancen relativ gut.
Hautpilze (Fischschimmel) *Achlya*- und *Saprolegnia*-Arten	Watteartige Beläge auf Haut, Flossen, Kiemen oder am Maul und an den Augen.	Es gibt gut wirkende Medikamente, manchmal hilft aber auch schon eine Temperaturerhöhung.
Fischtuberkulose *Mycobacterium* (Bakterien)	Fressunlust, verbunden mit Abmagerung; Entzündung der Haut; häufig anormale Schwimmweise, manchmal auch „Glotzaugen".	Erkrankte Tiere sofort isolieren; es gibt Medikamente, die aber nur im Anfangsstadium helfen.
Samtkrankheit (Oodiniasis) *Oodinium* (Dinoflagellaten)	Samtiger, grauer oder bläulicher Überzug auf Körper und Flossen; bei starkem Befall löst sich die Haut ab.	Der Handel bietet unterschiedliche Mittel an; die Heilungschancen sind relativ gut.
Kiemenwürmer *Dactylogyrus vastor* u.a. (Saugwürmer)	Bei starkem Befall magern die Fische ab, und es kommt zu Kiemenblutungen, Hornhauttrübungen und Orientierungslosigkeit; oft scheuern sich die Tiere auch an Gegenständen.	Es gibt Medikamente, mit denen sich aber nur die geschlüpften Larven behandeln lassen, da die Eier sehr widerstandsfähig sind.

Zierfische vermehren

Unterschiedliche Fortpflanzung

Bezüglich der Fortpflanzung lassen sich bei Fischen zwei große Gruppen unterscheiden: Arten, die Eier legen,

und Fische, die lebende Junge zur Welt bringen. Bei den Mitgliedern der erstgenannten Gruppe legen die Weibchen mehr oder weniger viele Eier ab, die anschließend vom Männchen befruchtet werden. Dagegen findet die Befruchtung bei den lebendgebärenden Arten im Körper des Weibchens statt, wo sich dann auch die Eier so weit entwickeln, dass schließlich fertig ausgebildete Jungfische abgesetzt werden. Und während die Jungen bei den lebendgebärenden Zierfischen nach ihrer „Geburt" sofort schwimmfähig sind und sich gleich irgendwo in Sicherheit bringen können, um so ihre Überlebenschancen zu vergrößern, mussten die eierlegenden Arten andere Methoden entwickeln, um für ausreichend Nachkommen zu sorgen.

Freilaicher

Der einfachste und gleichzeitig am weitesten verbreitete Methode ist das einfache Abstoßen der Eier ins freie Wasser, wo sie anschließend vom Männchen befruchtet werden. Danach kümmern sich die Eltern nicht mehr um ihre Nachkommen, sodass normalerweise auch nur vergleichsweise wenige Eier überleben, weil sie beispielsweise zwischen Steine oder an andere geschützte Stellen fallen. Die übrigen werden zumeist schnell von anderen Tieren gefressen, manchmal sogar von den eigenen Eltern. Damit bei dieser Form der Fortpflanzung überhaupt Nachwuchs übrig bleibt, legen die meisten Freilaicher sehr viele Eier ab (oft Tausende), weil so, zumindest statistisch, sichergestellt wird, dass einige Jungtiere schlüpfen und heranwachsen werden.

Haftlaicher

Viele Arten, darunter zahlreiche Buntbarsche, kümmern sich dagegen sehr viel intensiver um ihren Nachwuchs. So suchen sie zunächst einen geeigneten Ablageplatz, etwa eine ebene Fläche auf einem Stein oder Blatt, und reinigen diese Stelle, um dort zumeist wenige Eier abzulegen, die dann befruchtet werden. Anschließend fächern die Elterntiere dem Gelege mit dem Flossen sauerstoffreiches Wasser zu, damit sich die Eier gesund entwickeln können, und verteidigen das Gelege und nicht selten auch die geschlüpften Jungtiere gegen Laichräuber, die manchmal sogar größer sind als sie selbst.

Eine recht ungewöhnliche Form zum Schutz der Nachkommen findet man beim in Südamerika heimischen Spritzsalmler *(Copella arnoldi)*, der sich auch im Aquarium halten lässt. Bei dieser Art versuchen die Weibchen ihre Eier dadurch in Sicherheit zu bringen, dass sie an die Unterseite von über dem Gewässer hängenden Blättern geheftet werden (im Aquarium oft auch an die Abdeckscheibe). Und damit sie dort nicht austrocknen, besprizt das Männchen sie regelmäßig mit Wasser.

Maulbrüter

Bei den Maulbrütern nehmen die Elterntiere (je nach Art handelt es sich um das Weibchen oder das Männchen, manchmal auch um beide) die Eier nach der vorherigen Ablage auf einem Stein oder Blatt ins Maul oder auch in den erweiterten Schlund auf, wo sie sich gut geschützt entwickeln können. Während dieser Zeit fressen die Tiere nicht, und auch wenn die Jungfische geschlüpft sind, suchen sie anfangs bei Gefahr weiterhin Zuflucht im Maul der Eltern.

Nestbauende Fische

Die von Fischen gebauten Nester können sehr unterschiedlich sein. So graben manche Buntbarsche einfache Laichgruben im Boden aus, während andere Arten kunstvolle Nester aus Pflanzenmaterial anfertigen. Viele Labyrinthfische bauen dagegen Schaumnester, die aus schleimumhüllten, an der Wasseroberfläche zu einer Art „Floß" verschmolzenen Luftblasen bestehen (siehe S. 64 sowie das Bild links und auf S. 135).

Linke Seite oben: Schmetterlingsbuntbarsche kümmern sich normalerweise aufopferungsvoll um ihre Gelege.

Linke Seite unten: Viele Labyrinthfische wie dieser Mosaikfadenfisch bauen für ihre Eier ein Nest aus speichelumhüllten Luftblasen.

Die ungewöhnlichen Spritzsalmler legen ihre Eier zum Schutz vor Fressfeinden außerhalb des Wassers ab.

Voraussetzungen für die Zucht

Zwar gibt es einige Zierfische, vor allem unter den lebendgebärenden Arten, deren Fortpflanzung sich kaum verhindern lässt, aber bei den meisten Arten sind eine besonders gute Ernährung und eine optimale Wasserqualität unbedingte Voraussetzungen für die Vermehrung. Sind die Elterntiere schlecht genährt oder werden die Tiere unter ungeeigneten Verhältnissen gehalten, laichen sie in der Regel nicht ab oder bringen schwächliche Nachkommen hervor. Bei vielen Fischarten müssen die Wasserwerte zur Fortpflanzung in einem oft engen optimalen Bereich liegen, aber auch Störungen von außen oder innerhalb des Becken können eine erfolgreiche Eiablage häufig verhindern. Doch selbst wenn die Tiere abgelaicht haben, ist der Zuchterfolg noch nicht gesichert, denn viele Eltern fressen ihre Eier im Aquarium sofort wieder auf. Daher muss man die paarungswilligen Tiere möglichst genau im Auge behalten und die Eltern nach der Eiablage sofort aus dem Becken herausfangen. Besonders gilt dies für Freilaicher oder

Lebendgebärende Zahnkarpfen, aber manchmal auch für jüngere Exemplare von Arten, die sich normalerweise gut um ihre Nachkommen kümmern. In den meisten Fällen ist anzuraten, zur Zucht ein gesondertes Becken einzurichten, da man so besser auf die Wasserqualität achten und Vorkehrungen zum Schutz der Brut (siehe unten) treffen kann. Nur wenn man die Eltern sorgfältig auswählt, sind schön gefärbte Jungfische zu erwarten.

Lebendgebärende Zahnkarpfen züchten

Die meisten lebendgebärenden Arten lassen sich problemlos vermehren, selbst im Hauptaquarium. Allerdings sind die schlüpfenden Jungfische so klein, dass sie eine begehrte Beute für viele Bewohner darstellen – die eigenen Eltern eingeschlossen. Daher muss ein Aquarium, in dem die Jungtiere überleben sollen, unbedingt zahlreiche Pflanzenverstecke aufweisen, in die sich die Jungen flüchten und wo sie anfangs Futter suchen können. Gut geeignet sind Schwimmpflanzen mit langen, feinen Wurzeln, zwischen denen sich die Jungfische gut verstecken können. Wer auf Nummer sicher gehen will, kann das trächtige Weibchen vor der Geburt aber auch vorsichtig in einen Ablaichkasten setzen oder ein spezielles Zuchtbecken verwenden. Die normalerweise zweigeteilten Ablaichkästen, die man in das Hauptaquarium einhängen oder auch im Wasser schwimmen lassen kann, verwendet man hauptsächlich zur Vermehrung kleinerer Lebendgebärender Zahnkarpfen, etwa Guppys (*Poecilia*

Bei Regenbogenfischen sind die Eier klebrig, damit sie an Pflanzen hängen bleiben, wo sie besser geschützt sind als am Boden.

reticulata) oder Platys (*Xiphophorus maculatus*). Werden die trächtigen Weibchen einige Tage vor der Geburt in den oberen Teil des Kastens gesetzt, fallen die Jungen nach der Geburt durch die kleinen Schlitze der Trennwand in den unteren Teil des Kastens, wo sie in Sicherheit sind. Anschließend setzt man das Weibchen wieder ins Aquarium und zieht die Jungen zunächst im Ablaichkasten auf.

Empfehlenswerter ist allerdings die Verwendung spezieller Zuchtbecken, in denen man ein Netz spannt, durch das die Jungfische fallen können, oder die man mit zahlreichen feinblättrigen Pflanzen ausstattet, zwischen denen sich die Jungen vor der Mutter verstecken können. Solche Becken sind deutlich größer als Ablaichkästen, was weniger Stress für die trächtigen Weibchen bedeutet.

Regenbogenfische züchten

Für die Zucht von Regenbogenfischen stattet man das Zuchtbecken am besten mit zahlreichen feinblättrigen Pflanzen oder einem Laichmopp (siehe Tipp) aus, denn die Eier sind zumeist

Tipp | Laichmopp

Ein Laichmopp lässt sich leicht aus synthetischen Wollfasern herstellen, die man um ein Stück Pappe wickelt und dann an einer Seite zusammenbindet, während die andere Seite nach dem Herausziehen der Pappe aufgeschnitten wird. Soll der Mopp schwimmen, befestigt man einen Korken an der verknoteten Seite, wenn er auf den Boden sinken soll, einen schweren Gegenstand, etwa eine Glasmurmel.

mit einem Schopf klebriger Anhänge versehen, sodass sie an Blättern oder den Fäden des Mopps hängen bleiben. Dadurch sind sie etwas besser vor Laichräubern geschützt, zu denen oft auch die Elterntiere gehören. Dennoch empfiehlt es sich, die Eier möglichst bald abzusammeln und in ein gesondertes Becken zu überführen. Da die Eier recht robust sind, überstehen sie diese Prozedur zumeist unbeschadet. Die Jungfische schlüpfen nach 5-15 Tagen und zehren zunächst noch 12-24 Stunden von ihrem Dottersack, bevor sie dann sehr feines Aufzuchtfutter benötigen (siehe S.120/121).

Die Männchen der lebendgebärenden Zwergkärpflinge besitzen ein Gonopodium als Begattungsorgan.

Salmler, Barben und Bärblinge züchten

Fast alle Salmler sind Freilaicher, das heißt, die Eier werden vom Weibchen in Anwesenheit eines Männchens zwischen oder über feinblättrigen Pflanzen frei ins Wasser abgegeben und dann sofort befruchtet. Da die Spermien im Wasser nur kurze Zeit lebensfähig sind, drücken sich die Tiere häufig dicht seitlich aneinander oder umschlingen sich sogar, um sicherzustellen, dass die Geschlechtsprodukte beider Partner auch tatsächlich zusammentreffen. Anschließend überlassen die Eltern ihren Nachwuchs sich selbst.

Im Hauptaquarium vermehren sich Salmler nur selten, sodass man sich in der Regel ein Zuchtbecken mit möglichst optimalen Bedingungen einrichten muss. Das allein reicht aber zumeist noch nicht, denn viele Arten sind gefürchtete Laichräuber, die ihre eigenen Eier gleich wieder auffressen. Daher muss man Vorkehrungen zum Schutz der Eier treffen. So kann man den Boden des Beckens beispielsweise mit Glasmurmeln auslegen und darüber einige Büschel Javamoos auslegen. Der Vorteil dieser Anordnung ist, dass die Eier in das dichte Moos fallen, wo sie ziemlich sicher sind, oder aber zwischen die Murmeln am Boden, wo die Elternfische sie ebenfalls nicht erreichen können. Fängt man das Pärchen anschließend heraus, können sich die Eier in dem Becken ungefährdet entwickeln. Statt der Murmeln kann man aber auch ein Netz im unteren Teil des Beckens spannen oder einen Laichrost verwenden, die ebenfalls verhindern, dass die Eier gefressen werden.

Die Anzahl der Eier kann bei den einzelnen Salmler-Arten zwischen 50 und 3000 schwanken; die Jungfische schlüpfen normalerweise bereits nach 24 bis 48 Stunden. In den ersten Tagen ernähren sie sich zumeist noch von ihrem Dottersack; danach müssen sie sehr feines Futter bekommen, etwa *Artemia*-Nauplien oder Infusorien (siehe S.120/121).

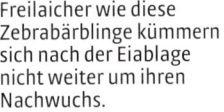

Freilaicher wie diese Zebrabärblinge kümmern sich nach der Eiablage nicht weiter um ihren Nachwuchs.

Bei Paradiesfischen findet die Eiablage direkt unter dem Schaumnest statt, das zuvor vom Männchen an der Wasseroberfläche errichtet wurde. Während der Paarung umschlingt das männliche Tier seine Partnerin und dreht sie dabei auf den Rücken, sodass die ölhaltigen Eier direkt ins Nest treiben.

Bei der Zucht von Barben und Bärblingen geht man in gleicher Weise vor, wobei die Erfolgsaussichten aber zumeist größer sind, denn viele *Puntius*- und *Brachydanio*-Arten lassen sich leichter vermehren als Salmler.

Labyrinthfische züchten

Wie bereits erwähnt, bauen viele Labyrinthfische zum Schutz ihrer Eier sehr typische Schaumnester. Diese bestehen aus zahlreichen speichelumhüllten Luftblasen und haben die Aufgabe, den Laich auf engstem Raum zusammenzuhalten. In der Regel befinden sich solche Nester an der Wasseroberfläche, aber es gibt auch Arten, die sie in tieferen Regionen des Beckens unter Höhlendächern errichten. Die Schaumnester an der Wasseroberfläche werden gern an Schwimmpflanzen verankert und einige Labyrinthfische bauen manchmal auch Pflanzenteile ein, um das Nest haltbarer zu machen.
Nach dem Ablegen der ölhaltigen und daher an die Oberfläche treibenden Eier wird das Nest zumeist vom Männchen bewacht und betreut. Dazu gehört auch, das fragile Gebilde ständig auszubessern und zu Boden sinkende oder abtreibende Eier zurückzuholen. Die Brutpflege endet erst, wenn die Jungen frei schwimmen und selbst auf Nahrungssuche gehen können. Dann wird das Nest aufgegeben und das Männchen „erkennt" seinen Nachwuchs nun auch nicht mehr und stellt ihm nach. Schaumnester werden häufig auch in Gesellschafts- oder Landschaftsaquarien gebaut und selbst eine Eiablage ist dort nicht selten. Allerdings haben die recht kleinen Jungfische in einem solchen Becken praktisch keine Überlebenschance. Daher sollte man auch für die Vermehrung von Labyrinthfischen ein spezielles Zuchtbecken verwenden, das man am besten mit Wasser aus dem Hauptaquarium befüllt, wobei der Wasserstand nicht besonders hoch sein muss. Statten Sie das Becken mit einem Regelheizer, einigen Schwimmpflanzen und einem einfachen Schwammfilter aus, den Sie aber zunächst noch nicht einschalten, weil im Aquarium möglichst keine Strömung herrschen sollte. Setzen Sie zunächst das Weibchen ein und am nächsten Tag das Männchen. Letzteres verbleibt auch nach der Eiablage im Becken, weil es sich um den Nachwuchs kümmert, während man das Weibchen herausfangen muss, weil es vom Männchen von nun an gnadenlos verfolgt wird. Wenn die Jungen frei schwimmen, wird auch das Männchen umgesetzt und der Filter eingeschaltet.

Oberes Bild: Bei den Antennenwelsen ist das Männchen allein für den Nachwuchs verantwortlich.

Unteres Bild: Schmetterlingsbuntbarsche verteidigen ihr Gelege selbst gegen größere Fische.

Buntbarsche züchten

Einige Buntbarsche legen ihre Eier in flachen, selbst gegrabenen Laichgruben ab, andere auf einer festen Unterlage, etwa einem Stein bzw. einem großen Blatt, oder sie verstecken ihr Gelege in Höhlen und unter überhängenden Steinen. Daneben gibt es auch Arten mit einem sehr viel ungewöhnlicheren Brutverhalten. Dazu gehören die Maulbrüter, bei denen ein Elternteil die befruchteten Eier ins Maul nimmt

und sie dort ausbrütet, oder auch die sogenannten Schneckenbuntbarsche, die ihre Eier in leeren Schneckengehäusen ablegen. Die meisten Buntbarsche betreiben eine intensive Brutpflege, das heißt, sie beschützen ihr Gelege, fächeln den Eiern sauerstoffreiches Wasser zu und lassen die Jungtiere in einem von ihnen bewachten Revier aufwachsen.

Maulbrütern gelingt es nicht selten, ihre Nachkommen sogar in einem Gesellschaftsbecken aufzuziehen, aber im Normalfall sollten man Buntbarsche zur Fortpflanzung in ein Zuchtbecken setzen, das mit Sandboden sowie einer großblättrigen Pflanze und einigen Steinen ausgestattet wird (bei Höhlenbrütern auch mit einem Tonblumentopf). Bei den Schneckenbuntbarschen muss die Sandschicht mindestens 5 cm dick sein, weil die Fische die Schneckenhäuser teilweise im Boden vergraben; außerdem werden leere Gehäuse benötigt, bei denen es sich auch um leere Weinbergschneckenhäuser handeln kann.

Sollen Arten vermehrt werden, bei denen sich beide Eltern um den Nachwuchs kümmern (Elternfamilie), verbleiben beide Tiere nach der Eiablage im Becken. Bei vielen Maulbrütern kümmert sich dagegen das Weibchen allein um die Nachkommen, sodass man das Männchen nach der Paarung herausfangen kann.

Die Männchen zahlreicher südamerikanischer Zwergbuntbarsche bilden oft ein großes Territorium, das die Brutreviere mehrerer Weibchen einschließt, sodass man ein etwas geräumigeres Zuchtbecken verwenden muss, wenn darin mehrere Weibchen ablaichen sollen.

Die Jungen der meisten Buntbarsche schlüpfen nach drei bis vier Tagen und ernähren sich zunächst von ihrem Dottersack. Nach einigen Tagen benötigen sie dann aber unbedingt *Artemia*-Nauplien oder Infusorien (siehe S.120/121).

Welse züchten

Antennenwelse lassen sich zumeist mit gutem Erfolg im Aquarium vermehren. Nicht selten werden sogar im Hauptbecken Eier abgelegt, aber die Fütterung der Jungtiere ist dann sehr schwierig, sodass man auch bei diesen Fischen ein gesondertes Zuchtbecken verwenden sollte. Zur Eiablage suchen sich die Tiere normalerweise eine Höhle, danach wird das Gelege vom Männchen bewacht. Als Höhlen für die Eiablage eignen sich Tonröhren von etwa 10 cm Länge und einem Durchmesser von ungefähr 3,5 cm. Die Jungen, die nach etwa einer Woche schlüpfen, ernähren sich anfangs noch von ihrem Dottersack; nach weiteren sieben bis zehn Tagen müssen sie dann aber mit feinem Aufzuchtfutter versorgt werden (siehe S.120/121).

Bei den Panzerwelsen ist die Vermehrung dagegen deutlich schwieriger. Zwar wurden auch diese Fische schon nachgezüchtet, aber bei den meisten Arten sind die Erfolgsaussichten nicht besonders groß. Während des Laichvorgangs bilden die Weibchen der meisten Panzerwelse mit ihren Bauchflossen eine Art Tasche, in der die Eier während der Befruchtung festgehalten werden. Anschließend sucht das Weibchen einen geeigneten Platz, etwa eine glatte Fläche auf einem Stein oder ein Blatt, um die klebrigen Eier dort anzuheften. Danach müssen die Eltern aus dem Zuchtbecken herausgefangen werden, weil die Eier sonst oft aufgefressen werden. Die Jungen schlüpfen nach vier bis acht Tagen und werden, nachdem der Dottersack aufgebraucht ist, mit feinem Lebendfutter versorgt (siehe S. 120/121).

Praxis   Diskus züchten

Diskusbuntbarsche leben die meiste Zeit des Jahres in Gruppen und bilden nur während der Laichzeit ein abgegrenztes Revier. In diesem werden die Eier dann auf vorher sorgfältig gesäuberten Steinen oder Blättern abgelegt und von beiden Eltern betreut. Die ersten Jungfische schlüpfen nach etwa 50 Stunden und ernähren sich anfangs von einem Sekret, das die Eltern über ihre Haut abscheiden. Daher darf man Alt- und Jungfische zunächst auch nicht voneinander trennen. Erst wenn die Jungen nach einigen Tagen immer selbstständiger werden, benötigen sie sehr feines Aufzuchtfutter (siehe S. 120/121). Junge Diskusfische haben übrigens anfangs noch eine „normale" Fischform und bekommen erst nach etwa drei Monaten ihre typische scheibenförmige Gestalt.

Beim Kleinen Maulbrüter und einigen anderen Buntbarschen entwickeln sich die Eier gut geschützt im Maul eines Elternteils.

Service

Zum Weiterlesen …

… finden Sie hier Bücher aus dem Kosmos-Verlag

Beck, Peter: **Süßwasser-Aquaristik.**

Dreyer, Stephan und Rainer Keppler: **Das neue Kosmosbuch der Aquaristik.** Fische, Pflanzen, Wasser, Technik.

Gay, Jeremy: **1 x 1 der Aquaristik.**

Hiscock, Peter: **Aquarien gestalten –** nach dem Vorbild der Natur.

Hofstätter, Christian W.: **Garnelen & Krebse.**

Kahl, Burkard u. Wally, Vogt, Dieter: **Kosmos-Atlas Aquarienfische.** Über 750 Süßwasser-Arten.

Kasselmann, Christel: **Pflanzenaquarien gestalten.** Planen, pflanzen, pflegen. 100 Pflanzenarten auf einen Blick.

Kölle, Dr. med. vet. Petra: **Fischkrankheiten.**

Kothe, Hans W.: **250 Aquarienfische.** Bestimmen, halten, pflegen.

Mayland, Hans J.: **Diskus.**

Mayland, Hans J. und Dieter Bork: **Salmler.**

Osche, Claus: **Lebendgebärende.**

Ullrich, Martin: **Buntbarsche.**

Untergasser, Dieter: **Krankheiten der Aquarienfische.** Diagnose und Behandlung.

Veit, Klaus: **Mein Aquarium.**

Vierke, Jörg: **Kleine Aquarien.**

Vierke, Jörg: **Labyrinthfische.**

Vierke, Jörg: **Welse.**

Vierke, Jörg und Claus-Peter Gering: **Aquarium.** Gestaltung und Pflege, Fische und Pflanzen.

Wilkerling, Klaus: **Aquarienfibel.** Fische und Pflanzen im Süßwasseraquarium.

Nützliche Adressen

Verband Deutscher Vereine für Aquarien- und Terrarienkunde e.V. (VDA): www.vda-online.de
Aquaristik allgemein: www.aquanet.de
Aquarienpflanzen:
www.arbeitskreis-wasserpflanzen.de
Buntbarsche: www.dcg-online.de
Guppys: www.dgf-guppy.de
Killifische: www.dkg.killi.org
Labyrinthfische: www.igl-home.de
Lebendgebärende Zahnkarpfen: www.dglz.de
Regenbogenfische: www.irg-online.de
Zoofachhandel: www.zzf.de

Register

KOSMOS.
Expertenrat aus erster Hand.

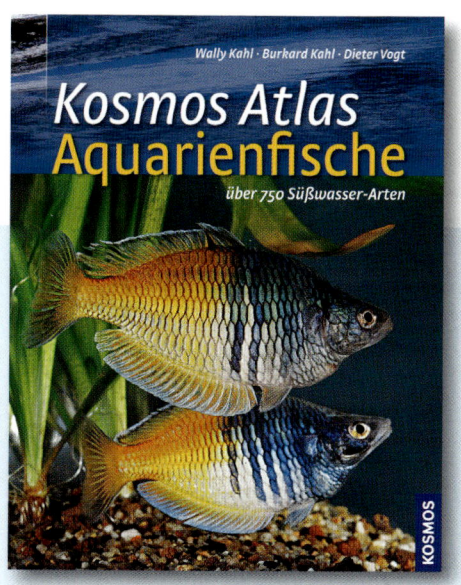

Das Nachschlagewerk

Die beliebtesten und bekanntesten Süß-
wasser-Aquarienfische der Welt sowie viele
Raritäten werden in diesem Atlas in ihrer
beeindruckenden Vielfalt und Schönheit
vorgestellt. Die fundierten Texte beschrei-
ben Ansprüche und Lebensweise der Fische
und informieren über Körpergröße, Wasser-
ansprüche, Nahrung und Vorkommen.

Kahl/Vogt
Kosmos Atlas Aquarienfische
288 S., 1.875 Abb., €/D 19,95
ISBN 978-3-440-12207-5

Planen, pflanzen, pflegen

Ein wunderschön bepflanztes Aquarium
– Blickfang in der Wohnung und gesunder Lebensraum für die Fische. Christel
Kasselmann, die Expertin für Aquarienpflanzen, beschreibt Planung und Auswahl,
Pflanzung und Pflege. Mit vielen attraktiven Beispielen, praktischen Pflanzplänen
und 100 detaillierten Pflanzenporträts.

Christel Kasselmann
Pflanzenaquarien gestalten
156 S., 210 Abb., €/D 12,95
ISBN 978-3-440-10124-7

Preisänderung vorbehalten

www.kosmos.de

Bildnachweis und Impressum

Bildnachweis

Mit 169 Farbfotos von Burkard Kahl und weiteren Farbfotos von Angela Beck (4, Seite 32, 91, 93, 97 rechts), Christel Kasselmann (15, Seite 22 unten, 27, 76, 78 alle 3, 79 unten links, 79 unten rechts, 80 unten, 81 Mitte, 82 Mitte, 82 unten, 83 oben, 83 unten, 103) und Christof Salata/Kosmos (1, Seite 124).

Impressum

Umschlaggestaltung von eStudio Calamar unter Verwendung von 4 Farbfotos von Burkard Kahl. Die Bilder zeigen auf der Umschlagvorderseite Papageienplatys (*Xiphophorus variatus*), auf der Rückseite von oben nach unten Kupfersalmler (*Hasemania nana*), Purpurkopfbarben (*Puntius nigrofasciatus*) und einen Schneckencichlicen (*Lamprologus ocellatus*).

Mit 189 Farbfotos.

Alle Angaben in diesem Buch erfolgen nach bestem Wissen und Gewissen. Sorgfalt bei der Umsetzung ist indes dennoch geboten. Autor und Verlag übernehmen keinerlei Haftung für Personen-, Sach- oder Vermögensschäden, die aus der Anwendung der vorgestellten Materialien und Methoden entstehen könnten.

Unser gesamtes lieferbares Programm und viele weitere Informationen zu unseren Büchern, Spielen, Experimentierkästen, DVDs, Autoren und Aktivitäten finden Sie unter **www.kosmos.de**

Mix
Produktgruppe aus vorbildlich bewirtschafteten Wäldern, kontrollierten Herkünften und Recyclingholz oder -fasern
www.fsc.org Zert.-Nr. SGS-COC-003210
© 1996 Forest Stewardship Council
FSC

Gedruckt auf chlorfrei gebleichtem Papier

© 2010, Franckh-Kosmos Verlags-GmbH & Co. KG, Stuttgart
Alle Rechte vorbehalten
ISBN 978-3-440-12280-8
Redaktion: Angela Beck
Gestaltung und Satz: Populärgrafik, Stuttgart
Produktion: Eva Schmidt
Printed in Germany / Imprimé en Allemagne